装配式建筑一本通

吴兴国 史 方 主编

中国环境出版集团·北京

图书在版编目（CIP）数据

装配式建筑一本通 / 吴兴国，史方主编. —北京：中国环境出版集团，2019.8
ISBN 978-7-5111-3895-8

Ⅰ.①装…　Ⅱ.①吴…　②史…　Ⅲ.①装配式构件　Ⅳ.①TU3

中国版本图书馆 CIP 数据核字（2018）第 301620 号

出 版 人　武德凯
责任编辑　张于嫣
责任校对　任　丽
封面设计　彭　杉

出版发行　中国环境出版集团
　　　　　（100062　北京市东城区广渠门内大街 16 号）
　　　　　网　　址：http://www.cesp.com.cn
　　　　　电子邮箱：bjgl@cesp.com.cn
　　　　　联系电话：010-67112765（编辑管理部）
　　　　　　　　　　010-67112739（第三分社）
　　　　　发行热线：010-67125803，010-67113405（传真）
印　　刷　北京市联华印刷厂
经　　销　各地新华书店
版　　次　2019 年 8 月第 1 版
印　　次　2019 年 8 月第 1 次印刷
开　　本　787×1092　1/16
印　　张　12
字　　数　316 千字
定　　价　46.00 元

前　言

发展装配式建筑是建筑产业升级的必经之路，是新时代供给侧结构性改革的需要。《"十三五"装配式建筑行动方案》在重点任务中明确指出，加快培养与装配式建筑发展相适应的技术和管理人才、产业工人队伍。正是立足于此，我们精心为建筑施工企业三类人员编写了本教材。

教材主要内容由 4 个部分组成。

基础篇：通过术语和概念的诠释，对装配式建筑有清晰的理解；通过对相关政策解读，了解装配式建筑的大环境；通过对国内外（地区）装配式建筑发展概况介绍，明确了装配式建筑发展的趋势。

技术篇：根据《装配式混凝土建筑技术标准》（GB/T 51231—2016）、《装配式钢结构建筑技术标准》（GB/T 51232—2016）、《装配式木结构建筑技术标准》（GB/T 51233—2016）、《装配式建筑评价标准》（GB/T 51129—2017）相关内容编写。期望能发挥技术引领和规范作用，推动我国装配式建筑健康、稳步、持续发展。

应用篇：主要依据住房和城乡建设部印发《建筑业 10 项新技术（2017 版）》，为加强建筑业重点领域的技术应用，突出了装配式建筑，新增"装配式混凝土结构技术"而编写的。注重新技术的适用性、成熟性与可推广性。典型项目发展简介，直观展示了装配式建筑新技术的应用，推动了建筑业的转型升级。

资料篇：编写的 2015—2018 年装配式建筑大事记、装配式混凝土建筑工程案例简介及专家点评、装配式混凝土结构专项施工技术方案（点评）等内容，有利于开拓读者视野和提高审视能力。

本教材适应的读者群很广，还可以作为大土木工程规划、设计、施工、监理及高等院校、职业学校设置装配式建筑相关课程的教材和参考书。

本教材是主编经过了数十年的工程实践，并在建筑企业从事教育培训深层次的思考总结，还参考了许多专家学者的相关文献资料，在此向相关专家学者致以真诚的感谢。

编　者

目　　录

基　础　篇

技　术　篇

应　用　篇

资 料 篇

基　础　篇

第一章　装配式建筑相关术语及概念

第一节　装配式建筑相关术语

1. 装配式建筑

装配式建筑是结构系统、外围护系统、设备与管线系统、内装系统的主要部分采用预制部品部件集成的建筑。

装配式建筑是一个系统工程，由结构系统、外围护系统、设备与管线系统、内装系统四大系统组成，是将预制部品部件通过模数协调、模块组合、接口连接、节点构造和施工工法等集成装配而成的，在工地高效、可靠装配并做到主体结构、建筑围护、机电装修一体化的建筑。是将预制部品部件通过系统集成的方法在工地装配，实现建筑主要承重结构预制，围护墙体和分隔墙体非砌筑并全装修的建筑，主要包括装配式混凝土建筑、装配式钢结构建筑、装配式木结构建筑等。

装配式建筑以完整的建筑产品为对象，以系统集成为方法，体现加工和装配需要的标准化设计；以工厂精益化生产为主的部品部件；以装配和干式工法为主的工地现场；以提升建筑工程质量安全水平、提高劳动生产效率、节约资源能源、减少施工污染和建筑的可持续发展为目标；基于 BIM 技术的全链条信息化管理，实现设计、生产、施工、装修和运维的协同。

2. 装配式混凝土建筑

建筑的结构系统是由混凝土部件（预制构件）构成的装配式建筑。

3. 装配式钢结构建筑

建筑的结构系统是由钢部（构）件构成的装配式建筑。

4. 装配式木结构建筑

建筑的结构系统是由木结构承重构件组成的装配式建筑。

5. 建筑系统集成

以装配化建造方式为基础，统筹策划、设计、生产和施工等，实现建筑结构系统、外围护系统、设备与管线系统、内装系统一体化的过程。

装配式建筑由结构系统、外围护系统、设备与管线系统以及内装系统组成。装配式建筑强调这 4 个系统之间的集成，以及各系统内部的集成过程。

6. 集成设计

集成设计是建筑结构系统、外围护系统、设备与管线系统、内装系统一体化的设计。

在系统集成的基础上，装配式建筑强调集成设计，突出在设计的过程中，应将结构系统、外围护系统、设备与管线系统以及内装系统进行综合考虑，一体化设计。

7. 协同设计

协同设计是装配式建筑设计中通过建筑、结构、设备、装修等专业相互配合，并运用信息化技术手段满足建筑设计、生产运输、施工安装等要求的一体化设计。

装配式建筑的协同设计工作是工厂化生产和装配化施工建造的前提。装配式建筑设计应统筹规划设计、生产运输、施工安装和使用维护，进行建筑、结构、设备、室内装修等专业一体化的设计，同时要运用建筑信息模型技术，建立信息协同平台，加强设计、生产、运输、施工各方之间的关系协同，并应加强建筑、结构、设备、装修等专业之间的配合。

8. 结构系统

结构系统由结构构件通过可靠的连接方式装配而成，以承受或传递荷载作用的整体。

9. 外围护系统

外围护系统由建筑外墙、屋面、外门窗及其他部品部件等组合而成，用于分隔建筑室内外环境的部品部件的整体。

10. 设备与管线系统

设备与管线系统由给水排水、供暖通风空调、电气和智能化、燃气等设备与管线组合而成，满足建筑使用功能的整体。

11. 内装系统

内装系统由楼地面、墙面、轻质隔墙、吊顶、内门窗、厨房和卫生间等组成，满足建筑空间使用要求的整体。

12. 部件

部件是在工厂或现场预先生产制作完成，构成建筑结构系统的结构构件及其他构件的统称。

13. 部品

部品由工厂生产，构成外围护系统、设备与管线系统、内装系统的建筑单一产品或复合产品组装而成的功能单元的统称。

14. 装配式装修

装配式装修是指采用干式工法，将工厂生产的内装部品在现场进行组合安装的装修方式。

装配式装修以工业化生产方式为基础，采用工厂制造的内装部品，部品安装采用干式工法。推行装配式装修是推动装配式建筑发展的重要方向。

采用装配式装修的设计建造方式具有五方面优势：

①部品在工厂制作，现场采用干式作业，可以最大限度地保证产品质量和性能；

②提高劳动生产率，节省大量人工和管理费用，大大缩短建设周期，综合效益明显，从而降低生产成本；

③节能环保，减少原材料的浪费，施工现场大部分为干式工法，减少噪声、粉尘和建筑垃

圾等污染；

④便于维护，降低了后期运营维护的难度，为部品更换创造了可能；

⑤工业化生产的方式有效解决了施工生产的尺寸误差和模数接口问题。

15. 干式工法

干式工法是指采用干作业施工的建造方法。

现场采用干作业施工工艺的干式工法是装配式建筑的核心内容。我国传统的现场存在湿作业多、施工精度差、工序复杂、建造周期长、依赖现场工人水平和施工质量难以保证等问题，干式工法作业可实现高精度、高效率和高品质。

16. 全装修

全装修是指所有功能空间的固定面装修和设备设施全部安装完成，达到建筑使用功能和建筑性能的状态。

全装修强调了作为建筑的功能和性能的完备性。党中央、国务院对于"装配式建筑"的提法和定义非常明确，装配式建筑首先要落脚到"建筑"。建筑的最基本属性是其功能性。因此，装配式建筑的最低要求应该定位在具备完整功能的成品形态，不能割裂结构、装修，底线是交付成品建筑。推进全装修，有利于提升装修集约化水平，提高建筑性能和消费者生活质量，带动相关产业发展。全装修是房地产市场成熟的重要标志，是与国际接轨的必然发展趋势，也是推进我国建筑产业健康发展的重要路径。

17. 模块

模块是建筑中相对独立，具有特定功能，能够通用互换的单元。

模块是标准化设计中的基本单元，首先应具有一定的功能，具有通用性；同时，在接口标准化的基础上，同类模块也具有互换性。

18. 标准化接口

标准化接口具有统一的尺寸规格与参数，并满足公差配合及模数协调的接口。

在装配式建筑中接口主要是两个独立系统、模块或者部品部件之间的共享边界。接口的标准化，可以实现通用性以及互换性。

19. 集成式厨房

集成式厨房是由工厂生产的楼地面、吊顶、墙面、橱柜和厨房设备及管线等集成并主要采用干式工法装配而成的厨房。

20. 集成式卫生间

集成式卫生间是由工厂生产的楼地面、墙面（板）、吊顶和洁具设备及管线等集成并主要采用干式工法装配而成的卫生间。

集成式厨房多指居住建筑中的厨房，本条强调了厨房的"集成性"和"功能性"。集成式卫生间充分考虑了卫生间空间的多样组合或分隔，包括多器具的集成卫生间产品和仅有洗面、洗浴或便溺等单一功能模块的集成卫生间产品。

集成式厨房、集成式卫生间是装配式建筑装饰装修的重要组成部分，其设计应按照标准化、系列化原则，并符合干式工法施工的要求，在制作和加工阶段全部实现装配化。

21. 整体收纳

整体收纳是由工厂生产、现场装配、满足储藏需求的模块化部品。

整体收纳是工厂生产、现场装配的、模块化集成收纳产品的统称，为装配式住宅建筑内装系统中的一部分，属于模块化部品。配置门扇、五金件和隔板等。通常设置在入户门厅、起居室、卧室、厨房、卫生间和阳台等功能空间部位。

22. 装配式隔墙、吊顶和楼地面

装配式隔墙、吊顶和楼地面是由工厂生产的，具有隔声、防火、防潮等性能，且满足空间功能和美学要求的部品集成，并主要采用干式工法装配而成的隔墙、吊顶和楼地面。

发展装配式隔墙、吊顶和楼地面部品技术，是我国装配化装修和内装产业化发展的主要内容。以轻钢龙骨石膏板体系的装配式隔墙、吊顶为例，其主要特点如下：干式工法，实现建造周期缩短 60% 以上；减少室内墙体占用面积，提高建筑的得房率；防火、保温、隔声、环保及安全性能全面提升；资源再生，利用率在 90% 以上；空间重新分割方便；健康环保性能提高，可有效调整湿度增加舒适感。

23. 管线分离

管线分离是将设备与管线设置在结构系统之外的方式。

在传统的建筑设计与施工中，一般均将室内装修用设备管线预埋在混凝土楼板和墙体等建筑结构系统中。在后期长时期的使用维护阶段，大量的建筑虽然结构系统仍可满足使用要求，但预埋在结构系统中的设备管线等早已老化无法改造更新，后期装修剔凿主体结构的问题大量出现，也极大地影响了建筑使用寿命。因此，装配式建筑鼓励采用设备管线与建筑结构系统的分离技术，使建筑具备结构耐久性、室内空间灵活性及可更新性等特点，同时兼备低能耗、高品质和长寿命的可持续建筑产品优势。

24. 同层排水

同层排水是在建筑排水系统中，器具排水管及排水支管不穿越本层结构楼板到下层空间、与卫生器具同层敷设并接入排水立管的排水方式。

25. 预制混凝土构件

预制混凝土构件在工厂或现场预先生产制作的混凝土构件，简称预制构件。

26. 装配式混凝土结构

装配式混凝土结构由预制混凝土构件通过可靠的连接方式装配而成的混凝土结构。

27. 装配整体式混凝土结构

装配整体式混凝土结构由预制混凝土构件通过可靠的连接方式进行连接并与现场后浇混凝土、水泥基灌浆料形成整体的装配式混凝土结构，简称装配整体式结构。

28. 多层装配式墙板结构

全部或部分墙体采用预制墙板构建成的多层装配式混凝土结构。

29. 混凝土叠合受弯构件

混凝土叠合受弯构件是预制混凝土梁、板顶部在到达现场后浇混凝土而形成的整体受弯

构件，简称叠合梁或叠合板。

30. 预制外挂墙板

预制外挂墙板是安装在主体结构上，起围护、装饰作用的非承重预制混凝土外墙板，简称外挂墙板。

31. 钢筋套筒灌浆连接

钢筋套筒灌浆连接是在金属套筒中插入单根带肋钢筋并注入灌浆料拌合物，通过拌合物硬化形成整体并实现传力的钢筋对接连接方式。

32. 钢筋浆锚搭接连接

钢筋浆锚搭接连接是在预制混凝土构件中预留孔道，在孔道中插入需搭接的钢筋，并灌注水泥基灌浆料而实现的钢筋搭接连接方式。

33. 水平锚环灌浆连接

水平锚环灌浆连接是在同一楼层预制墙板拼接处设置后浇段，预制墙板侧边甩出钢筋锚环并在后浇段内相互交叠而实现的预制墙板竖缝连接方式。

34. 钢框架结构

钢框架结构是以钢梁和钢柱或钢管混凝土柱刚接连接，具有抗剪和抗弯能力的结构。

35. 钢框架-支撑结构

钢框架-支撑结构由钢框架和钢支撑构件组成，能共同承受竖向、水平作用的结构，钢支撑分中心支撑、偏心支撑和屈曲约束支撑等。

36. 钢框架-延性墙板结构

钢框架-延性墙板结构是由钢框架和延性墙板构件组成，能共同承受竖向、水平作用的结构，延性墙板有带加劲肋的钢板剪力墙、带竖缝混凝土剪力墙等。

37. 交错桁架结构

交错桁架结构在建筑物横向的每个轴线上，平面桁架各层设置，而在相邻轴线上交错布置的结构。

38. 钢筋桁架楼承板组合楼板

钢筋桁架楼承板组合楼板是在钢筋桁架楼承上浇筑混凝土形成的组合楼板。

39. 压型钢板组合楼板

压型钢板组合楼板是在压型钢板上浇筑混凝土形成的组合楼板。

40. 门式刚架结构

门式刚架结构是承重结构采用变截面或等截面实腹刚架的单层房屋结构。

41. 低层冷弯薄壁型钢结构

低层冷弯薄壁型钢结构是以冷弯薄壁型钢为主要承重构件，不大于 3 层，檐口高度不大于 12 m 的低层房屋结构。

42. 装配式木结构

装配式木结构是采用工厂预制的木结构组件和部品，以现场装配为主要手段建造而成的结构。包括装配式纯木结构、装配式木混合结构等。

43. 预制木结构组件

预制木结构组件是由工厂制作、现场安装，并具有单一或复合功能的，用于组合成装配式木结构的基本单元，简称木组件。木组件包括柱、梁、预制墙体、预制楼盖、预制屋盖、木桁架、空间组件等。

现代木结构建筑的建造过程都是使用工厂按一定规格加工制作的木材或木构件，通过在施工现场安装而构成完整的木结构建筑，因此，现代木结构建筑都可列入装配式木结构的定义范围。目前，装配式木结构按木结构体系的不同类型可分为装配式纯木结构、装配式木混合结构。对于不同木结构体系的装配式木结构，按木结构体系中主要承重构件采用的结构材料分类，可分为方木原木结构、轻型木结构、胶合木结构和正交胶合木结构。

44. 装配式木混合结构

装配式木混合结构由木结构构件与钢结构构件、混凝土结构构件组合而成的混合承重的结构形式。包括上下混合装配式木结构、水平混合装配式木结构、平改坡的屋面系统装配式以及混凝土结构中采用的木骨架组合墙体系统。

45. 预制木骨架组合墙体

预制木骨架组合墙体是由规格材制作的木骨架外部覆盖墙板，并在木骨架构件之间的空隙内填充保温隔热及隔声材料而构成的非承重墙体。

46. 预制木墙板

预制木墙板是安装在主体结构上，起承重、围护、装饰或分隔作用的木质墙板。按功能不同可分为承重墙板和非承重墙板。

47. 预制板式组件

预制板式组件是在工厂加工制作完成的墙体、楼盖和屋盖等预制板式单元，包括开放式组件和封闭式组件。

48. 预制空间组件

预制空间组件是在工厂加工制作完成的由墙体、楼盖或屋盖等共同构成具有一定建筑功能的预制空间单元。

预制空间组件是装配式木结构建筑发展的趋势之一，将预制空间组件进行平面或立体的组合，就能构成不同使用功能的木结构建筑。预制空间组件可以按建筑的使用功能、建筑空间的设计要求和结构形式进行组件划分。对于可以整体吊装或移动、独立具有一定使用功能的整体预制木屋，也可按预制空间模块组件作为装配式木结构建筑的一种。

49. 开放式组件

开放式组件是在工厂加工制作完成的，墙骨柱、搁栅和覆面板外露的板式单元。该组件可包含保温隔热材料、门和窗户。

50. 封闭式组件

封闭式组件是在工厂加工制作完成的，采用木基结构板或石膏板将开放式组件完全封闭的板式单元。该组件可包含所有安装在组件内的设备元件、保温隔热材料、空气隔层、各种线管和管道。

51. 金属连接件

金属连接件是用于固定、连接、支承的装配式木结构专用金属构件。如托梁、螺栓、柱帽、直角连接件、金属板等。

52. 装配率

装配率是装配式建筑中，±0.00 标高以上预制构件、部品部件数量占同类构件、部品部件数量的比例。其中，预制构件、部品部件数量比例适用于体积比、面积比、长度比和个数比。

第二节　装配式建筑相关概念

一、PC 构件

PC 是混凝土预制件（precast concrete）的英文缩写，在住宅工业化领域称作 PC 构件。不同于传统现浇混凝土需要工地现场制模、现场浇注和现场养护，是指在工厂中通过标准化、机械化方式加工生产的混凝土部件。构件被广泛应用于建筑、交通、水利工程等领域。

PC 构件与现浇混凝土相比有诸多优势：工厂相对稳定的工作环境比工地作业安全系数高；构件的质量和工艺通过机械化生产能得到更好地控制；预制件尺寸及特性的标准化能显著加快安装速度和建筑工程进度；与现场制模相比，模具可以重复循环使用，机械化、规模化生产 PC 人工的需求少，综合成本低；减少工地现场作业量，降低粉尘、噪声污染。

劣势：需要经过专业培训的施工队伍配合安装；运输成本高且有风险，市场辐射范围受限，PC 化需要建筑体量和规模。

PC 构件种类主要有：外墙板、内墙板、叠合板、阳台、空调板、楼梯、预制梁、预制柱等。

装配式混凝土结构是由预制混凝部件通过可靠的连接方式装配而成的混凝土结构，即纯 PC 结构。

装配整体式混凝土结构是由预制混凝土部件通过可靠的方式进行连接并与现场后浇混凝土、水泥基灌浆料形成整体的装配式混凝土结构，即 PC 与现浇共存的结构。

PC 结构主要是按照每个构件本身的承载力进行计算，通过适当方式连接成整体。节点、接缝压力通过后浇混凝土或灌浆或座浆直接传递；拉力由连接筋、预埋件焊接件传递。当部件接缝界面的粘结强度高于构件本身混凝土抗拉、抗剪强度时，可视为等同于现浇混凝土。

二、等同现浇

等同现浇是通过钢筋之间的可靠连接（如"钢筋套筒灌浆连接""钢筋浆锚搭接连接""水平锚环灌浆连接"等），将 PC 构件与现浇混凝土部分有效连接起来，让整个装配式结构与现浇实现混凝土"等同"，满足建筑结构安全的要求。当采取可靠的构造措施和施工方法，保证装配整体式钢筋混凝土结构中，PC 构件之间或者 PC 构件与现浇构件之间的节点或界面的承载力、刚度和延性不低于现浇钢筋混凝土结构，使装配整体式钢筋混凝土结构的整体性能与现浇钢筋混凝土结构基本相同，把此类装配整体式结构称为等同现浇装配式混凝土结构，简称等同现浇装配式结构。

但对连接节点的性能乃至整体装配式结构的整体性能影响却非常关键。钢筋套筒灌浆连接技术是预制混凝土结构体系构件间钢筋节点连接的核心技术，是装配整体式结构设计、生产、施工的关键所在。因此，在设计、构件制作、现场施工各个环节都要予以高度重视和合理管控。

在缺乏针对装配式结构体系特性的设计理论和方法情况下，初步确定了"等同现浇"的技术路线。用"等同现浇"的技术解决了"装配式建筑"的技术难题。如大部分高层装配整体式剪力墙结构底部加强部位是结构的塑性铰区，在高烈度地区，对建筑物的抗震性能非常重要。底部加强区受力较大，构件截面大且配筋较多，配筋构造比较复杂，不适合采用预制构件。仍采用现浇结构。这样导致一栋建筑两种施工工法，工序烦琐，没有充分发挥全装配化施工的优势。从施工、工业化评价角度考虑，为更好地发挥全装配化施工优势和提高建筑工业化程度，底部加强部位如何实现装配式结构的问题应深入研究解决。故"等同现浇"没有完全得到业界的认同，我们要审慎开展相关的系统研究工作，探索装配式混凝土结构采用全装配技术路径。

第二章 装配式建筑政策解读

第一节 关于大力发展装配式建筑的指导意见

发展装配式建筑是建造方式的重大变革，是推进供给侧结构性改革和新型城镇化发展的重要举措，有利于节约资源能源、减少施工污染、提升劳动生产效率和质量安全水平，有利于促进建筑业与信息化、工业化深度融合、培育新产业新动能、推动化解过剩产能。近年来，我国积极探索发展装配式建筑，但建造方式大多仍以现场浇筑为主，装配式建筑比例和规模化程度较低，与发展绿色建筑的有关要求以及先进建造方式相比还有很大差距。为了贯彻落实《中共中央 国务院关于进一步加强城市规划建设管理工作的若干意见》指出的，"力争用10年左右时间，使装配式建筑占新建建筑的比例达到30%"的目标，大力发展装配式建筑，经国务院同意，于2016年9月27日颁布了《关于大力发展装配式建筑的指导意见》（国办发〔2016〕71号）（以下简称《指导意见》）。《指导意见》有总体要求、重点任务、保障措施等方面的内容。

一、总体要求

1. 指导思想

认真落实党中央、国务院决策部署，按照"五位一体"总体布局和"四个全面"战略布局，牢固树立和贯彻落实创新、协调、绿色、开放、共享的发展理念，按照适用、经济、安全、绿色、美观的要求，推动建造方式创新，大力发展装配式混凝土建筑和钢结构建筑，在具备条件的地方倡导发展现代木结构建筑，不断提高装配式建筑在新建建筑中的比例。坚持标准化设计、工厂化生产、装配化施工、一体化装修、信息化管理、智能化应用，提高技术水平和工程质量，促进建筑产业转型升级。

2. 基本原则

坚持市场主导、政府推动。适应市场需求，充分发挥市场在资源配置中的决定性作用，更好发挥政府规划引导和政策支持作用，形成有利的体制机制和市场环境，促进市场主体积极参与、协同配合，有序发展装配式建筑。

坚持分区推进、逐步推广。根据不同地区的经济社会发展状况和产业技术条件，划分重点推进地区、积极推进地区和鼓励推进地区，因地制宜、循序渐进，以点带面、试点先行，及时总结经验，形成局部带动整体的工作格局。

坚持顶层设计、协调发展。把协同推进标准、设计、生产、施工、使用维护等作为发展装配式建筑的有效抓手，推动各个环节有机结合，以建造方式变革促进工程建设全过程提质增效，带动建筑业整体水平的提升。

3. 工作目标

以京津冀、长三角、珠三角三大城市群为重点推进地区，常住人口超过 300 万的其他城市为积极推进地区，其余城市为鼓励推进地区，因地制宜发展装配式混凝土结构、钢结构和现代木结构等装配式建筑。同时，逐步完善法律法规、技术标准和监管体系，推动形成一批设计、施工、部品部件规模化生产企业，具有现代装配建造水平的工程总承包企业以及与之相适应的专业化技能队伍。

按照三个地区（重点推进地区、积极推进地区、鼓励推进地区）来划分推广装配式建筑，体现了建筑规模和建筑结构的因地制宜，有所侧重。京津冀、长三角、珠三角三大城市群为重点推进地区，主要是建筑总量大（占全国约 1/2），产业基础好。力争用 10 年左右的时间，装配式建筑占新建建筑面积的比例达到 30%，再加上其他鼓励推进地区，目标是能够达到的。

二、重点任务

1. 健全标准规范体系

加快编制装配式建筑国家标准、行业标准和地方标准，支持企业编制标准、加强技术创新，鼓励社会组织编制团体标准，促进关键技术和成套技术研究成果转化为标准规范。强化建筑材料标准、部品部件标准、工程标准之间的衔接。制（修）订装配式建筑工程定额等计价依据。完善装配式建筑防火抗震防灾标准。研究建立装配式建筑评价标准和方法。逐步建立完善覆盖设计、生产、施工和使用维护全过程的装配式建筑标准规范体系。

2. 创新装配式建筑设计

统筹建筑结构、机电设备、部品部件、装配施工、装饰装修，推行装配式建筑一体化集成设计。推广通用化、模数化、标准化设计方式，积极应用建筑信息模型技术，提高建筑领域各专业协同设计能力，加强对装配式建筑建设全过程的指导和服务。鼓励设计单位与科研院所、高校等联合开发装配式建筑设计技术和通用设计软件。

3. 优化部品部件生产

引导建筑行业部品部件生产企业合理布局，提高产业聚集度，培育一批技术先进、专业配套、管理规范的骨干企业和生产基地。支持部品部件生产企业完善产品品种和规格，促进专业化、标准化、规模化、信息化生产，优化物流管理，合理组织配送。积极引导设备制造企业研发部品部件生产装备机具，提高自动化和柔性加工技术水平。建立部品部件质量验收机制，确保产品质量。

4. 提升装配施工水平

引导企业研发应用与装配式施工相适应的技术、设备和机具，提高部品部件的装配施工连接质量和建筑安全性能。鼓励企业创新施工组织方式，推行绿色施工，应用结构工程与分部分项工程协同施工新模式。支持施工企业总结编制施工工法，提高装配施工技能，实现技术工艺、组织管理、技能队伍的转变，打造一批具有较高装配施工技术水平的骨干企业。

5. 推进建筑全装修

实行装配式建筑装饰装修与主体结构、机电设备协同施工。积极推广标准化、集成化、模块化的装修模式，促进整体厨卫、轻质隔墙等材料、产品和设备管线集成化技术的应用，提高装配化装修水平。倡导菜单式全装修，满足消费者个性化需求。

6. 推广绿色建材

提高绿色建材在装配式建筑中的应用比例。开发应用品质优良、节能环保、功能良好的新型建筑材料，并加快推进绿色建材评价。鼓励装饰与保温隔热材料一体化应用。推广应用高性能节能门窗。强制淘汰不符合节能环保要求、质量性能差的建筑材料，确保安全、绿色、环保。

7. 推行工程总承包

装配式建筑原则上应采用工程总承包模式，可按照技术复杂类工程项目招投标。工程总承包企业要对工程质量、安全、进度、造价负总责。要健全与装配式建筑总承包相适应的发包承包、施工许可、分包管理、工程造价、质量安全监管、竣工验收等制度，实现工程设计、部品部件生产、施工及采购的统一管理和深度融合，优化项目管理方式。鼓励建立装配式建筑产业技术创新联盟，加大研发投入，增强创新能力。支持大型设计、施工和部品部件生产企业通过调整组织架构、健全管理体系，向具有工程管理、设计、施工、生产、采购能力的工程总承包企业转型。

8. 确保工程质量安全

完善装配式建筑工程质量安全管理制度，健全质量安全责任体系，落实各方主体质量安全责任。加强全过程监管，建设和监理等相关方可采用驻厂监造等方式加强部品部件生产质量管控；施工企业要加强施工过程质量安全控制和检验检测，完善装配施工质量保证体系；在建筑物明显部位设置永久性标牌，公示质量安全责任主体和主要责任人。加强行业监管，明确符合装配式建筑特点的施工图审查要求，建立全过程质量追溯制度，加大抽查抽测力度，严肃查处质量安全违法违规行为。

重点任务明确了标准体系、设计、施工、部品部件生产、装修、工程总承包、推广绿色建材、确保工程质量八个方面的要求。

三、保障措施

1. 加强组织领导

各地区要因地制宜研究提出发展装配式建筑的目标和任务，建立健全工作机制，完善配套政策，组织具体实施，确保各项任务落到实处。各有关部门要加大指导、协调和支持力度，将发展装配式建筑作为贯彻落实中央城市工作会议精神的重要工作，列入城市规划建设管理工作监督考核指标体系，定期通报考核结果。

2. 加大政策支持

建立健全装配式建筑相关法律法规体系。结合节能减排、产业发展、科技创新、污染防治等方面政策，加大对装配式建筑的支持力度。支持符合高新技术企业条件的装配式建筑部品部件生产企业享受相关优惠政策。符合新型墙体材料目录的部品部件生产企业，可按规定享受增值税即征即退优惠政策。在土地供应中，可将发展装配式建筑的相关要求纳入供地方案，并落实到土地使用合同中。鼓励各地结合实际出台支持装配式建筑发展的规划审批、土地供应、基础设施配套、财政金融等相关政策措施。政府投资工程要带头发展装配式建筑，推动装配式建筑"走出去"。在中国人居环境奖评选、国家生态园林城市评估、绿色建筑评价等工作中增加装配式建筑方面的指标要求。

3. 强化队伍建设

大力培养装配式建筑设计、生产、施工、管理等专业人才。鼓励高等学校、职业学校设置装配式建筑相关课程，推动装配式建筑企业开展校企合作，创新人才培养模式。在建筑行业专业技术人员继续教育中增加装配式建筑相关内容。加大职业技能培训资金投入，建立培训基地，加强岗位技能提升培训，促进建筑业农民工向技术工人转型。加强国际交流合作，积极引进海外专业人才参与装配式建筑的研发、生产和管理。

为适应装配式建筑的发展需要，要大力推行人才队伍建设。住房和城乡建设部标准定额司建筑节能与科技司《关于做好装配式建筑系列标准培训宣传与实施工作的通知》（建标函〔2017〕152 号）要求："尽快组织开展装配式建筑系列标准宣贯培训。各地区、各有关单位要组织各级装配式建筑管理人员和建设、设计、施工、部品部件生产、监理等专业技术人员进行装配式建筑系列标准培训；各级建设主管部门负责人、主要管理人员和大型设计、施工企业负责人要进行集中学习；各有关单位要积极利用现有培训项目和计划，争取培训经费，创新培训模式，优化培训课程和教材，选择优秀权威专家，开展全面系统的宣贯培训；在建筑行业专业技术人员继续教育中增加装配式建筑相关内容；鼓励高校、职业学校设置装配式建筑相关课程，建立培训基地，加强岗位技能提升培训。同时，要充分利用电视、报纸、广播、网络新媒体等形式，深入宣传装配式建筑及其相关标准的经济社会效益，提高社会认知度，营造各方共同关注、支持装配式建筑系列标准实施的良好氛围。"

4. 做好宣传引导

通过多种形式深入宣传发展装配式建筑的经济社会效益，广泛宣传装配式建筑基本知识，提高社会认知度，营造各方共同关注、支持装配式建筑发展的良好氛围，促进装配式建筑相关产业和市场发展。

第二节　"十三五"装配式建筑行动方案

为深入贯彻《国务院办公厅关于大力发展装配式建筑的指导意见》（国办发〔2016〕71 号）和《国务院办公厅关于促进建筑业持续健康发展的意见》（国办发〔2017〕19 号），进一步明确阶段性工作目标，落实重点任务，强化保障措施，突出抓规划、抓标准、抓产业、抓队伍，促进装配式建筑全面发展，住房和城乡建设部于 2017 年 3 月 23 日印发了《"十三五"装配式建筑行动方案》（建科〔2017〕77 号）（以下简称《行动方案》）。《行动方案》有确定工作目标、明确重点任务、保障措施三方面的内容。

一、确定工作目标

到 2020 年，全国装配式建筑占新建建筑的比例达到 15% 以上，其中重点推进地区达到 20% 以上，积极推进地区达到 15% 以上，鼓励推进地区达到 10% 以上。鼓励各地制定更高的发展目标。建立健全装配式建筑政策体系、规划体系、标准体系、技术体系、产品体系和监管体系，形成一批装配式建筑设计、施工、部品部件规模化生产企业和工程总承包企业，形成装配式建筑专业化队伍，全面提升装配式建筑质量、效益和品质，实现装配式建筑全面发展。

到 2020 年，培育 50 个以上装配式建筑示范城市，200 个以上装配式建筑产业基地，500 个以上装配式建筑示范工程，建设 30 个以上装配式建筑科技创新基地，充分发挥示范引领和带动作用。

《行动方案》鼓舞了先行地区和企业的士气，也向在改革转型面前犹豫不决的地区和企业传递了明确的信号：改变传统粗放型发展模式，向以装配式建筑为代表的工业化方向转型是大势所趋。

"十三五"期间，装配式建筑示范城市、产业基地等的建设将出现如火如荼的局面。在各省级住房和城乡建设主管部门及有关中央企业评审推荐的基础上，经组织专家复核，住房和城乡建设部办公厅 2017 年认定北京市等 30 个城市为第一批装配式建筑示范城市，认定北京住总集团有限责任公司等 195 个企业为第一批装配式建筑产业基地，现有的示范城市和产业基地也多集中在京津冀、长三角、珠三角地区，继续发挥引领和带动作用。

二、明确重点任务

1. 编制发展规划

各省（区、市）和重点城市住房和城乡建设主管部门要抓紧编制完成装配式建筑发展规划，明确发展目标和主要任务，细化阶段性工作安排，提出保障措施。重点做好装配式建筑产业发展规划，合理布局产业基地，实现市场供需基本平衡。

制定全国木结构建筑发展规划，明确发展目标和任务，确定重点发展地区，开展试点示范。具备木结构建筑发展条件的地区可编制专项规划。

2. 健全标准体系

建立完善覆盖设计、生产、施工和使用维护全过程的装配式建筑标准规范体系。支持地方、社会团体和企业编制装配式建筑相关配套标准，促进关键技术和成套技术研究成果转化为标准规范。编制与装配式建筑相配套的标准图集、工法、手册、指南等。

强化建筑材料标准、部品部件标准、工程建设标准之间的衔接。建立统一的部品部件产品标准和认证、标识等体系，制定相关评价通则，健全部品部件设计、生产和施工工艺标准。

严格执行《建筑模数协调标准》、部品部件公差标准，健全功能空间与部品部件之间的协调标准。

积极开展《装配式混凝土建筑技术标准》《装配式钢结构建筑技术标准》《装配式木结构建筑技术标准》以及《装配式建筑评价标准》宣传贯彻和培训交流活动。

3. 完善技术体系

建立装配式建筑技术体系和关键技术、配套部品部件评估机制，梳理先进成熟可靠的新技术、新产品、新工艺，定期发布装配式建筑技术和产品公告。

加大研发力度。研究装配率较高的多高层装配式混凝土建筑的基础理论、技术体系和施工工艺工法，研究高性能混凝土、高强钢筋和消能减震、预应力技术在装配式建筑中的应用。突破钢结构建筑在围护体系、材料性能、连接工艺等方面的技术瓶颈。推进中国特色现代木结构建筑技术体系及中高层木结构建筑研究。推动"钢—混""钢—木""木—混"等装配式组合结构的研发应用。

4. 提高设计能力

全面提升装配式建筑设计水平。推行装配式建筑一体化集成设计，强化装配式建筑设计对部品部件生产、安装施工、装饰装修等环节的统筹。推进装配式建筑标准化设计，提高标准化部品部件的应用比例。装配式建筑设计深度要达到相关要求。

提升设计人员装配式建筑设计理论水平和全产业链统筹把握能力，发挥设计人员主导作用，为装配式建筑提供全过程指导。提倡装配式建筑在方案策划阶段进行专家论证和技术咨询，促进各参与主体形成协同合作机制。

建立适合建筑信息模型（BIM）技术应用的装配式建筑工程管理模式，推进 BIM 技术在装配式建筑规划、勘察、设计、生产、施工、装修、运行维护全过程的集成应用，实现工程建设项目全生命周期数据共享和信息化管理。

5. 增强产业配套能力

统筹发展装配式建筑设计、生产、施工及设备制造、运输、装修和运行维护等全产业链，增强产业配套能力。

建立装配式建筑部品部件库，编制装配式混凝土建筑、钢结构建筑、木结构建筑、装配化装修的标准化部品部件目录，促进部品部件社会化生产。采用植入芯片或标注二维码等方式，实现部品部件生产、安装、维护全过程质量可追溯。建立统一的部品部件标准、认证与标识信息平台，公开发布相关政策、标准、规则程序、认证结果及采信信息。建立部品部件质量验收机制，确保产品质量。

完善装配式建筑施工工艺和工法，研发与装配式建筑相适应的生产设备、施工设备、机具和配套产品，提高装配施工、安全防护、质量检验、组织管理的能力和水平，提升部品部件的施工质量和整体安全性能。

培育一批设计、生产、施工一体化的装配式建筑骨干企业，促进建筑企业转型发展。发挥装配式建筑产业技术创新联盟的作用，加强产学研用等各种市场主体的协同创新能力，促进新技术、新产品的研发与应用。

6. 推行工程总承包

各省（区、市）住房和城乡建设主管部门要按照"装配式建筑原则上应采用工程总承包模式，可按照技术复杂类工程项目招投标"的要求，制定具体措施，加快推进装配式建筑项目采用工程总承包模式。工程总承包企业要对工程质量、安全、进度、造价负总责。

装配式建筑项目可采用"设计-采购-施工"（EPC）总承包或"设计-施工"（D-B）总承包等工程项目管理模式。政府投资工程应带头采用工程总承包模式。设计、施工、开发、生产企业可单独或组成联合体承接装配式建筑工程总承包项目，实施具体的设计、施工任务时应由有相应资质的单位承担。

7. 推进建筑全装修

推行装配式建筑全装修成品交房。各省（区、市）住房和城乡建设主管部门要制定政策措施，明确装配式建筑全装修的目标和要求。推行装配式建筑全装修与主体结构、机电设备一体化设计和协同施工。全装修要提供大空间灵活分隔及不同档次和风格的菜单式装修方案，满足消费者个性化需求。完善《住宅质量保证书》和《住宅使用说明书》文本关于装修的相关内容。

加快推进装配化装修，提倡干法施工，减少现场湿作业。推广集成厨房和卫生间、预制隔墙、主体结构与管线相分离等技术体系。建设装配化装修试点示范工程，通过示范项目的现场观摩与交流培训等活动，不断提高全装修综合水平。

8. 促进绿色发展

积极推进绿色建材在装配式建筑中应用。编制装配式建筑绿色建材产品目录。推广绿色多功能复合材料，发展环保型木质复合、金属复合、优质化学建材及新型建筑陶瓷等绿色建材。到 2020 年，实现绿色建材在装配式建筑中的应用比例达到 50%以上。

装配式建筑要与绿色建筑、超低能耗建筑等相结合，鼓励建设综合示范工程。装配式建筑要全面执行绿色建筑标准，并在绿色建筑评价中逐步加大装配式建筑的权重。推动太阳能光热光伏、地源热泵、空气源热泵等可再生能源与装配式建筑一体化应用。

9. 提高工程质量安全

加强装配式建筑工程质量安全监管，严格控制装配式建筑现场施工安全和工程质量，强化质量安全责任。

加强装配式建筑工程质量安全检查，重点检查连接节点施工质量、起重机械安全管理等，全面落实装配式建筑工程建设过程中各方责任主体履行责任情况。

加强工程质量安全监管人员业务培训，提升适应装配式建筑的质量安全监管能力。

10. 培育产业队伍

开展装配式建筑人才和产业队伍专题研究，摸清行业人才基数及需求规模，制定装配式建筑人才培育相关政策措施，明确目标任务，建立有利于装配式建筑人才培养和发展的长效机制。

加快培养与装配式建筑发展相适应的技术和管理人才，包括行业管理人才、企业领军人才、专业技术人员、经营管理人员和产业工人队伍。开展装配式建筑工人技能评价，引导装配式建筑相关企业培养自有专业人才队伍，促进建筑业农民工转化为技术工人。促进建筑劳务企业转型创新发展，建设专业化的装配式建筑技术工人队伍。

依托相关的院校、骨干企业、职业培训机构和公共实训基地，设置装配式建筑相关课程，建立若干装配式建筑人才教育培训基地。在建筑行业相关人才培养和继续教育中增加装配式建筑相关内容。推动装配式建筑企业开展企校合作，创新人才培养模式。

在标准体系建设方面，《行动方案》支持地方、社会团体和企业编制装配式建筑相关配套标准，促进关键技术和成套技术研究成果转化为标准规范，为企业大力发展装配式建筑树立了信心。

《行动方案》强调一体化设计能力，尤其是在设计深度方面、设计人员发挥主导作用方面、标准化设计方面和 BIM 全生命周期的信息化管理方面提出了更高的要求，这也为企业今后的转型发展指明了方向。建筑行业应该迅速对现有的产业链发展模式进行改革，建立以设计为先导的发展模式，培育一体化、标准化、信息化的综合能力，用设计能力带动技术创新。

《行动方案》强调"推行工程总承包"，明确装配式建筑总包承包模式的发展方向。推行工程总承包，不仅是装配式建筑特点对承包模式的内在要求，也是解决目前行业产业链各方难以协调、不能充分发挥装配式结构体系优点的有效举措。

《行动方案》从编制发展规划、健全标准体系、完善技术体系、提高设计能力、增强产业配套能力、推行工程总承包、推进建筑全装修、促进绿色发展、提高工程质量安全、培育产业队伍 10 个方面对行业提出了要求。

三、保障措施

1. 落实支持政策

各省（区、市）住房和城乡建设主管部门要制定贯彻《指导意见》的实施方案，逐项提出落实政策和措施。鼓励各地创新支持政策，加强对供给侧和需求侧的双向支持力度，利用各种资源和渠道，支持装配式建筑的发展，特别是要积极协调国土部门在土地出让或划拨时，将装配式建筑作为建设条件内容，在土地出让合同或土地划拨决定书中明确具体要求。装配式建筑工程可参照重点工程报建流程纳入工程审批绿色通道。各地可将装配率水平作为支持鼓励政策的依据。

强化项目落地，要在政府投资和社会投资工程中落实装配式建筑要求，将装配式建筑工作细化为具体的工程项目，建立装配式建筑项目库，于每年第一季度向社会发布当年项目的名称、位置、类型、规模、开工竣工时间等信息。

在中国人居环境奖评选、国家生态园林城市评估、绿色建筑等工作中增加装配式建筑方面的指标要求，并不断完善。

2. 创新工程管理

各级住房和城乡建设主管部门要改革现行工程建设管理制度和模式，在招标投标、施工许可、部品部件生产、工程计价、质量监督和竣工验收等环节进行建设管理制度改革，促进装配式建筑发展。

建立装配式建筑全过程信息追溯机制，把生产、施工、装修、运行维护等全过程纳入信息化平台，实现数据即时上传、汇总、监测及电子归档管理等，增强行业监管能力。

3. 建立统计上报制度

建立装配式建筑信息统计制度，搭建全国装配式建筑信息统计平台。要重点统计装配式建筑总体情况和项目进展、部品部件生产状况及其产能、市场供需情况、产业队伍等信息，并定期上报。按照《装配式建筑评价标准》的规定，用装配率作为装配式建筑认定指标。

4. 强化考核监督

住房和城乡建设部每年 4 月底前对各地进行建筑节能与装配式建筑专项检查，重点检查各地装配式建筑发展目标完成情况、产业发展情况、政策出台情况、标准规范编制情况、质量安全情况等，并通报考核结果。

各省（区、市）住房和城乡建设主管部门要将装配式建筑发展情况列入重点考核督查项目，作为住房和城乡建设领域一项重要考核指标。

5. 加强宣传推广

各省（区、市）住房和城乡建设主管部门要积极行动，广泛宣传推广装配式建筑示范城市、产业基地、示范工程的经验。充分发挥相关企事业单位、行业学协会的作用，开展装配式建筑的技术经济政策解读和宣传贯彻活动。鼓励各地举办或积极参加各种形式的装配式建筑展览会、交流会等活动，加强行业交流。

要通过电视、报刊、网络等多种媒体和售楼处等多种场所，以及宣传手册、专家解读文章、典型案例等各种形式普及装配式建筑相关知识，宣传发展装配式建筑的经济社会环境效益和装配式建筑的优越性，提高公众对装配式建筑的认知度，营造各方共同关注、支持装配式建筑发展的良好氛围。

各省（区、市）住房和城乡建设主管部门要切实加强对装配式建筑工作的组织领导，建立健全工作和协商机制，落实责任分工，加强监督考核，扎实推进装配式建筑全面发展。

第三节　装配式建筑示范城市管理办法

住房和城乡建设部于 2017 年 3 月 23 日制定并印发了《装配式建筑示范城市管理办法》（建科〔2017〕77 号）。

一、主要内容

1. 总则

（1）为贯彻《中共中央　国务院关于进一步加强城市规划建设管理工作的若干意见》《国务院办公厅关于大力发展装配式建筑的指导意见》（国办发〔2016〕71 号）关于发展新型建造方式，大力推广装配式建筑的要求，规范管理国家装配式建筑示范城市，根据《中华人民共和国建筑法》《中华人民共和国科技成果转化法》《建设工程质量管理条例》《民用建筑节能条例》和《住房和城乡建设部科学技术计划项目管理办法》等有关法律、法规和规定，制定本管理办法。

（2）装配式建筑示范城市（以下简称示范城市）是指在装配式建筑发展过程中，具有较好的产业基础，并在装配式建筑发展目标、支持政策、技术标准、项目实施、发展机制等方面能够发挥示范引领作用，并按照本管理办法认定的城市。

（3）示范城市的申请、评审、认定、发布和监督管理，适用本办法。

（4）各地在制定实施相关优惠支持政策时，应向示范城市倾斜。

2. 申请

（1）申请示范的城市向当地省级住房和城乡建设主管部门提出申请。

（2）申请示范的城市应符合下列条件：

1）具有较好的经济、建筑科技和市场发展等条件。

2）具备装配式建筑发展基础，包括较好的产业基础、标准化水平和能力、一定数量的设计生产施工企业和装配式建筑工程项目等。

3）制定了装配式建筑发展规划，有较高的发展目标和任务。

4）有明确的装配式建筑发展支持政策、专项管理机制和保障措施。

5）本地区内装配式建筑工程项目一年内未发生较大及以上生产安全事故。

6）其他应具备的条件。

（3）申请示范的城市需提供以下材料：

1）装配式建筑示范城市申请表。

2）装配式建筑示范城市实施方案（以下简称实施方案）。

3）其他应提供的材料。

3. 评审和认定

（1）住房和城乡建设部根据各地装配式建筑发展情况确定各省（区、市）示范城市推荐名额。

（2）省级住房和城乡建设主管部门组织专家评审委员会，对申请示范的城市进行评审。

（3）评审专家委员会一般由5～7名专家组成，专家委员会设主任委员1人，副主任委员1人，由主任委员主持评审工作。专家委员会应客观、公正，遵循回避原则，并对评审结果负责。

（4）评审内容主要包括：

1）当地的经济、建筑科技和市场发展等基础条件。

2）装配式建筑发展的现状：政策出台情况、产业发展情况、标准化水平和能力、龙头企业情况、项目实施情况、组织机构和工作机制等。

3）装配式建筑的发展规划、目标和任务。

4）实施方案和下一步将要出台的支持政策和措施等。

各地可结合实际细化评审内容和要求。

（5）省级住房和城乡建设主管部门按照给定的名额向住房和城乡建设部推荐示范城市。

（6）住房和城乡建设部委托部科技与产业化发展中心（住宅产业化促进中心）复核各省（区、市）推荐城市和申请材料，必要时可组织专家和有关管理部门对推荐城市进行现场核查。复核结果经住房和城乡建设部认定后公布示范城市名单，并纳入部科学技术计划项目管理。对不符合要求的城市不予认定。

4. 管理与监督

（1）示范城市应按照实施方案组织实施，及时总结经验，向上级住房和城乡建设主管部门提供年度报告并接受检查。

（2）示范城市应加强经验交流与宣传推广，积极配合其他城市参观学习，发挥示范引领作用。

（3）省级住房和城乡建设主管部门负责本地区示范城市的监督管理，定期组织检查和考核。

（4）住房和城乡建设部对示范城市的工作目标、主要任务和政策措施落实执行情况进行抽查，通报抽查结果。

（5）示范城市未能按照实施方案制定的工作目标组织实施的，住房和城乡建设部商当地省级住房和城乡建设部门提出处理意见，责令限期改正，情节严重的给予通报，在规定整改期限内仍不能达到要求的，由住房和城乡建设部撤销示范城市认定。

（6）住房和城乡建设部定期对示范城市进行全面评估，评估合格的城市继续认定为示范城市，评估不合格的城市由住房和城乡建设部撤销其示范城市认定。

5. 附则

（1）本管理办法自发布之日起实施，原《国家住宅产业化基地试行办法》（建住房〔2006〕150 号）同时废止。

（2）本办法由住房和城乡建设部建筑节能与科技司负责解释，住房和城乡建设部科技与产业化发展中心（住宅产业化促进中心）协助组织实施。

二、装配式建筑示范城市名单

装配式建筑示范城市是指在装配式建筑发展过程中，具有较好的产业基础，并在装配式建筑发展目标、支持政策、技术标准、项目实施、发展机制等方面能够发挥示范引领作用，并按照该管理办法认定的城市。

在各省级住房和城乡建设主管部门和有关中央企业评审推荐基础上，经组织专家复核，认定北京市等 30 个城市为第一批装配式建筑示范城市。

住房和城乡建设部办公厅 2017 年 11 月认定的第一批装配式建筑示范城市如下（共 30 个，排名不分先后）：

北京市	上海市	天津市	石家庄市	唐山市
邯郸市	包头市	满洲里市	沈阳市	南京市
海门市	杭州市	宁波市	绍兴市	合肥市
济南市	青岛市	潍坊市	济宁市	烟台市
郑州市	新乡市	荆门市	长沙市	深圳市
玉林市	成都市	广安市	合肥经济技术开发区	常州市武进区

第四节 装配式建筑产业基地管理办法

住房和城乡建设部于 2017 年 3 月 23 日制定并印发了《装配式建筑产业基地管理办法》（建科〔2017〕77 号）。

一、主要内容

1. 总则

（1）为贯彻《中共中央 国务院关于进一步加强城市规划建设管理工作的若干意见》《国务院办公厅关于大力发展装配式建筑的指导意见》（国办发〔2016〕71 号）关于发展新型建造方式，大力推广装配式建筑的要求，规范管理国家装配式建筑产业基地，根据《中华人民共和国建筑法》《中华人民共和国科技成果转化法》《建设工程质量管理条例》《民用建筑节能条例》和《住房和城乡建设部科学技术计划项目管理办法》等有关法律、法规和规定，制定本管理办法。

（2）装配式建筑产业基地（以下简称产业基地）是指具有明确的发展目标、较好的产业基础、技术先进成熟、研发创新能力强、产业关联度大、注重装配式建筑相关人才培养培训、能够发挥示范引领和带动作用的装配式建筑相关企业，主要包括装配式建筑设计、部品部件生产、施工、装备制造、科技研发等企业。

（3）产业基地的申请、评审、认定、发布和监督管理，适用本办法。

（4）产业基地优先享受住房和城乡建设部和所在地住房和城乡建设管理部门的相关支持政策。

2. 申请

（1）申请产业基地的企业向当地省级住房和城乡建设主管部门提出申请。

（2）申请产业基地的企业应符合下列条件：

1）具有独立法人资格。

2）具有较强的装配式建筑产业能力。

3）具有先进成熟的装配式建筑相关技术体系，建筑信息模型（BIM）应用水平高。

4）管理规范，具有完善的现代企业管理制度和产品质量控制体系，市场信誉良好。

5）有一定的装配式建筑工程项目实践经验，以及与产业能力相适应的标准化水平和能力，具有示范引领作用。

6）其他应具备的条件。

（3）申请产业基地的企业需提供以下材料：

1）产业基地申请表。

2）产业基地可行性研究报告。

3）企业营业执照、资质等相关证书。

4）其他应提供的材料。

3. 评审和认定

（1）住房和城乡建设部根据各地装配式建筑发展情况确定各省（区、市）产业基地推荐名额。

（2）省级住房和城乡建设主管部门组织评审专家委员会，对申请的产业基地进行评审。

（3）评审专家委员会一般由 5～7 名专家组成，应根据参评企业类型选择装配式建筑设计、部品部件生产、施工、装备制造、科技研发、管理等相关领域的专家。专家委员会设主任委员 1 人，副主任委员 1 人，由主任委员主持评审工作。专家委员会应客观、公正，遵循回避原则，并对评审结果负责。

（4）评审内容主要包括：产业基地的基础条件；人才、技术和管理等方面的综合实力；实际业绩；发展装配式建筑的目标和计划安排等。

各地可结合实际细化评审内容和要求。

（5）省级住房和城乡建设主管部门按照给定的名额向住房和城乡建设部推荐产业基地。

（6）住房和城乡建设部委托部科技与产业化发展中心复核各省（区、市）推荐的产业基地和申请材料，必要时可组织专家和有关管理部门对推荐的产业基地进行现场核查。复核结果经住房和城乡建设部认定后公布产业基地名单，并纳入部科学技术计划项目管理。对不符合要求的产业基地不予认定。

4. 监督管理

（1）产业基地应制订工作计划，做好实施工作，及时总结经验，向上级住房和城乡建设主管部门报送年度发展报告并接受检查。

（2）省级住房和城乡建设主管部门负责本地区产业基地的监督管理，定期组织检查和考核。

（3）住房和城乡建设部对产业基地工作目标、主要任务和计划安排的完成情况等进行抽查，通报抽查结果。

（4）未完成工作目标和主要任务的产业基地，由住房和城乡建设部商当地省级住房和城乡建设主管部门提出处理意见，责令限期整改，情节严重的给予通报，在规定整改期限内仍不能达到要求的，由住房和城乡建设部撤销产业基地认定。

（5）住房和城乡建设部定期对产业基地进行全面评估，评估合格的继续认定为产业基地，评估不合格的由住房和城乡建设部撤销其产业基地认定。

5. 附则

（1）本管理办法自发布之日起实施，原《国家住宅产业化基地试行办法》（建住房〔2006〕150 号）同时废止。

（2）本办法由住房和城乡建设部建筑节能与科技司负责解释，住房和城乡建设部科技与产业化发展中心（住宅产业化促进中心）协助组织实施。

二、装配式建筑产业基地名单

装配式建筑产业基地是指具有明确的发展目标、较好的产业基础、技术先进成熟、研发创新能力强、产业关联度大、注重装配式建筑相关人才培养培训、能够发挥示范引领和带动作用的装配式建筑相关企业，主要包括装配式建筑设计、部品部件生产、施工、装备制造、科技研发等企业。

在各省级住房和城乡建设主管部门及有关中央企业评审推荐的基础上，经组织专家复核，认定北京住总集团有限责任公司等 195 个企业为第一批装配式建筑产业基地。

住房和城乡建设部办公厅 2017 年 11 月认定的第一批装配式建筑产业基地名单如下（共195 个，排名不分先后）：

北京住总集团有限责任公司

北京恒通创新赛木科技股份有限公司

北京建谊投资发展（集团）有限公司

北京市保障性住房建设投资中心

北京市建筑设计研究院有限公司

北京市住宅产业化集团股份有限公司

北京首钢建设集团有限公司

东易日盛家居装饰集团股份有限公司

多维联合集团有限公司

华通设计顾问工程有限公司

一天（北京）集成卫厨设备有限公司

天津达因建材有限公司

天津大学建筑设计研究院

天津市建工集团（控股）有限公司

天津市建筑设计院

天津住宅建设发展集团有限公司

大元建业集团股份有限公司

河北合创建筑节能科技有限责任公司

河北建设集团股份有限公司

河北建筑设计研究院有限责任公司

河北省建筑科学研究院

河北新大地机电制造有限公司

河北雪龙机械制造有限公司

惠达卫浴股份有限公司

金环建设集团邯郸有限公司

秦皇岛阿尔法工业园开发有限公司

任丘市永基建筑安装工程有限公司

唐山冀东发展集成房屋有限公司

远建工业化住宅集成科技有限公司

山西建设投资集团有限公司

满洲里联众木业有限责任公司

内蒙古包钢西创集团有限责任公司

大连三川建设集团股份有限公司

德睿盛兴（大连）装配式建筑科技有限公司

沈阳三新实业有限公司

沈阳万融现代建筑产业有限公司

沈阳中辰钢结构工程有限公司

吉林亚泰（集团）股份有限公司

吉林省新土木建设工程有限责任公司

哈尔滨鸿盛集团

黑龙江省蓝天建设集团有限公司

黑龙江宇辉新型建筑材料有限公司

华东建筑集团股份有限公司

上海城建（集团）公司

上海城建建设实业集团

上海建工集团股份有限公司

东南大学

建华建材（江苏）有限公司

江苏东尚住宅工业有限公司

江苏沪宁钢机股份有限公司

江苏华江建设集团有限公司

江苏南通三建集团股份有限公司

江苏元大建筑科技有限公司

江苏中南建筑产业集团有限责任公司

江苏筑森建筑设计股份有限公司

龙信建设集团有限公司

南京大地建设集团有限责任公司

南京工业大学

南京旭建新型建材股份有限公司

南京长江都市建筑设计股份有限公司

启迪设计集团股份有限公司

苏州金螳螂建筑装饰股份有限公司

苏州科逸住宅设备股份有限公司

苏州昆仑绿建木结构科技股份有限公司

威信广厦模块住宅工业有限公司

中衡设计集团股份有限公司

潮峰钢构集团有限公司

宝业集团股份有限公司

杭萧钢构股份有限公司

华汇工程设计集团股份有限公司

宁波建工工程集团有限公司

宁波普利凯建筑科技有限公司

宁波市建设集团股份有限公司

平湖万家兴建筑工业有限公司

温州中海建设有限公司

浙江东南网架股份有限公司

浙江建业幕墙装饰有限公司

浙江精工钢结构集团有限公司

浙江省建工集团有限责任公司

浙江省建设投资集团股份有限公司

浙江欣捷建设有限公司

浙江亚厦装饰股份有限公司

中天建设集团有限公司

安徽富煌钢构股份有限公司

安徽鸿路钢结构（集团）股份有限公司

安徽建工集团有限公司

安徽省建筑设计研究院股份有限公司

合肥工业大学

福建博那德科技园开发有限公司

福建建超建设集团有限公司

福建建工集团有限责任公司

福建省建筑设计研究院

福建省泷澄建设集团有限公司

福建鸿生高科环保科技有限公司

金强（福建）建材科技股份有限公司

厦门合立道工程设计集团股份有限公司

厦门市建筑科学研究院集团股份有限公司

朝晖城建集团有限公司

江西雄宇（集团）有限公司

江西中煤建设集团有限公司

北汇绿建集团有限公司

济南汇富建筑工业有限公司

莱芜钢铁集团有限公司

青岛新世纪预制构件有限公司

日照山海大象建设集团

山东诚祥建设集团股份有限公司

山东金柱集团有限公司

山东力诺瑞特新能源有限公司

山东连云山建筑科技有限公司

山东聊建现代建设有限公司

山东平安建设集团有限公司

山东齐兴住宅工业有限公司

山东省建筑科学研究院

山东天意机械股份有限公司

山东通发实业有限公司

山东同圆设计集团有限公司

山东万斯达建筑科技股份有限公司

天元建设集团有限公司

万华节能科技集团股份有限公司

威海丰荟建筑工业科技有限公司

威海齐德新型建材有限公司

潍坊昌大建设集团有限公司

潍坊市宏源防水材料有限公司

烟建集团有限公司

中通钢构股份有限公司

中意森科木结构有限公司

河南东方建设集团发展有限公司

河南省第二建设集团有限公司

河南省金华夏建工集团股份有限公司

河南天丰绿色装配集团有限公司

河南万道捷建股份有限公司

新蒲建设集团有限公司

湖北沛函建设有限公司

长沙远大住宅工业集团股份有限公司

湖南东方红建设集团有限公司

湖南金海钢结构股份有限公司

湖南省建筑设计院

湖南省沙坪建设有限公司

三一集团有限公司

远大可建科技有限公司

中民筑友建设有限公司

碧桂园控股有限公司

广东建远建筑装配工业有限公司

广东省建筑科学研究院集团股份有限公司

广东省建筑设计研究院

广州机施建设集团有限公司

广州市白云化工实业有限公司

深圳市华阳国际工程设计股份有限公司

深圳市嘉达高科产业发展有限公司

深圳市鹏城建筑集团有限公司

万科企业股份有限公司

筑博设计股份有限公司

广西建工集团有限责任公司

玉林市福泰建设投资发展有限责任公司

海南省建设集团有限公司

成都硅宝科技股份有限公司

成都建筑工程集团总公司

成都市建筑设计研究院

凉山州现代房屋建筑集成制造有限公司

四川华构住宅工业有限公司

四川省建筑设计研究院

四川宜宾仁铭住宅工业技术有限公司

贵州剑河园方林业投资开发有限公司

贵州省绿筑科建住宅产业化发展有限公司

贵州兴贵恒远新型建材有限公司

昆明市建筑设计研究院集团有限公司

云南建投钢结构股份有限公司

云南昆钢建设集团有限公司

云南省设计院集团

云南震安减震科技股份有限公司

陕西建工集团有限公司

西安建工（集团）有限责任公司

甘肃省建设投资（控股）集团总公司

新疆德坤实业集团有限公司

中国建筑第三工程局有限公司

中国建筑第四工程局有限公司

中国建筑第五工程局有限公司

中国建筑第七工程局有限公司

中建钢构有限公司

中建国际投资（中国）有限公司

中国建筑西南设计研究院有限公司

中国中建设计集团有限公司

中建科技有限公司

中国建筑设计院有限公司

上海中森建筑与工程设计顾问有限公司

中国建筑标准设计研究院有限公司

深圳华森建筑与工程设计顾问有限公司

上海宝冶集团有限公司

中国一冶集团有限公司

中国二十二冶集团有限公司

中冶天工集团有限公司

中冶建筑研究总院有限公司

北新集团建材股份有限公司

北新房屋有限公司

中铁十四局集团有限公司

第五节　对装配式建筑示范城市、装配式建筑产业基地的评估

为了充分发挥装配式建筑示范城市和产业基地的示范作用，梳理成功经验，分析存在的问题，实事求是、因地制宜地发展装配式建筑，2018 年 12 月，住房和城乡建设部建筑节能与科技司决定开展第一批装配式建筑示范城市和产业基地实施情况评估工作。

《关于开展第一批装配式建筑示范城市和产业基地实施情况评估的通知》（建科函〔2018〕105 号）的主要内容有：

一、评估对象

《住房和城乡建设部办公厅关于认定第一批装配式建筑示范城市和产业基地的函》（建办科函〔2017〕771 号）认定的装配式建筑示范城市和产业基地。

二、评估依据

示范城市依据《装配式建筑示范城市管理办法》和示范城市实施方案评估；产业基地依据《装配式建筑产业基地管理办法》和产业基地建设可行性研究报告评估。

三、评估原则

（1）公正客观原则。评估工作要坚持以客观事实为基础，实事求是地对示范城市和产业基地进行独立评估，做出公正客观的结论。

（2）科学严谨原则。评估工作要采取科学的评价方法，把材料审核、日常监管和实地抽查相结合，准确反映示范工作的成效，保证评估结果的科学性。

（3）注重实效原则。评估注重考察示范城市和产业基地是否形成可复制、可推广的经验模式，充分发挥示范带动作用，推动装配式建筑规模化发展。

四、评估内容

1. 示范城市

（1）本地区推进装配式建筑发展的政策文件和《装配式建筑示范城市实施方案》提出的阶段性工作目标完成情况。

（2）《装配式建筑示范城市实施方案》提出的主要任务和各项工作按计划开展情况。

（3）支持装配式建筑发展的各项政策落实情况。

（4）装配式建筑相关的管理机制。

（5）装配式建筑产业发展情况。

（6）本地区装配式建筑工程项目近三年较大及以上生产安全事故和各类质量事故情况。

2. 产业基地

（1）产业基地申报时提交的《装配式建筑产业基地可行性研究报告》中提出的阶段性工作目标执行情况。

（2）编制工作计划情况及按计划执行情况。

（3）不同类型装配式建筑产业基地能力建设情况。

（4）装配式建筑技术体系、产品质量控制体系建立和建筑信息模型（BIM）应用情况。

（5）生产安全事故和各类质量事故等方面情况。

（6）装配式建筑工程项目建设、部品部件产品应用、国家或省部级装配式建筑相关科研项目完成情况。

五、评估组织

示范城市和产业基地所在省、自治区、直辖市住房和城乡建设主管部门，负责组织开展本行政区示范城市和产业基地的评估工作。

（1）组织示范城市和产业基地开展自评。各示范城市和产业基地全面总结示范工作目标、主要任务和工作计划的执行落实情况，撰写《装配式建筑示范城市工作实施情况报告》《装配式建筑产业基地工作实施情况报告》（编制要点见附件1和附件2），真实、准确、完整地填写《装配式建筑示范城市工作进展情况自评表》《装配式地工作进展情况自评表》（见附件3和附件4），向所在省（自治区、直辖市）住房和城乡建设主管部门报送以上材料及相关证明材料。

（2）省级住房和城乡建设主管部门组织对本行政区内的装配式建筑示范城市和产业基地工作自评材料和实际工作开展情况进行检查，形成本省（自治区、直辖市）示范城市和产业基地检查报告。检查报告内容包括：示范工作推进的总体情况，取得的成效和存在的问题；对辖区内各个示范城市和产业基地的考核结论。重点检查示范城市和产业基地工作自评材料的完备性和真实性，于12月15日前将检查报告及示范城市和产业基地评估相关材料报住房和城乡建设部建筑节能与科技司。

（3）住房和城乡建设部组织抽查。住房和城乡建设部建筑节能与科技司会同部科技与产业化发展中心，对示范城市和产业基地的工作目标、主要任务和政策措施落实执行情况进行抽查。抽查方式为文件资料审核和实地抽查相结合的方式。

（4）形成评估结果。评估合格的城市和企业继续认定为示范城市和产业基地，评估不合格的城市和企业由住房和城乡建设部撤销示范城市和产业基地认定。

第三章　国内外装配式建筑发展概况

第一节　国内装配式建筑

纵观国内装配式建筑发展，时间跨度长，为了便于理解和把握，我们可以把其发展历程分为发展初期、发展徘徊期、发展全面提升期。

一、发展初期

20 世纪 50 年代，大规模的基本建设带动了建筑工业的发展，引进了国外装配式建筑的基本元素。发展初期与国外差距不大。1956 年国务院发布了《关于加强和发展建筑工业的决定》，指出："为了从根本上改善我国的建筑工业，必须积极地、有步骤地实行工厂化、机械化施工，逐步完成对建筑工业的技术改造，逐步完成向建筑工业化的过渡。"体现了装配式建筑的基本特征（设计标准化、构件生产工厂化、施工机械化），在我国装配式建筑发展史上，第一次指明了发展方向。

1. 发展初期

初期，很多工业建筑项目采用装配式混凝土结构技术，如柱、梁、屋架、外窗、屋面板等部件在工厂或施工现场预制，在工地现场安装。住宅建筑采用最多的部件是工厂生产的标准化的楼面板。为适应建筑工业化，很多省、市组建了混凝土（木材加工）构件厂。

初期的主要标志：

（1）初步创立装配式建筑技术体系。工业建筑方面，前苏联帮助我国建设的 153 个大项目大部分采用装配式混凝土施工技术。住宅工程方面，如大板、大模板（"内浇外挂"式）、框架轻板等住宅体系的形成。

（2）发展了部件生产技术。典型的如北京第一构件厂、第二构件厂用机组流水法以钢模在振动台上成形，经过蒸汽养护送往场。成为部件生产的示范基地。

2. 发展徘徊期

20 世纪 80 年代初期，装配式建筑的发展推动了相关标准规范的编制，1979 年，建设部颁布了我国第一部装配式建筑结构标准《装配式大板居住建筑结构设计和施工暂行规定》（JGJ 1—1979），两年后又对该规定进行了修编，经过 10 年的基础理论和实验研究，于 1991 年发布了《装配式大板居住建筑设计和施工规程》（JGJ 1—1991），但发布之时，装配式建筑已处在徘徊期，影响不大，关注度不高。

装配式建筑进入徘徊期的主要因素：从国外引进的大板建筑，到了七八十年代，工程量达到了一定的规模（具有建造速度快，房型比较标准）。但尺寸比较单一，住宅建筑市场化，不能满足不同的层次日益多样化需求；加之预拌混凝土的采用和施工现浇，大模板现浇钢筋混凝土、内砌外浇、外浇内砌的建筑技术体系的优势被认可，得到广泛采用。

已建成的装配式大板建筑，在引进的基础上，缺乏再创新，又受到当时材料、技术、工艺、设备等条件的限制，出现开裂、渗漏，保温隔热差。现浇建筑很快就代替了大板建筑，装配式建造方式渐渐退出。

但发展徘徊期，"住宅产业"被逐步形成了社会共识。1996年建设部颁布《住宅产业现代化试点工作大纲》（建房〔1996〕181号）和《住宅产业现代化试点技术发展要点》。明确提出"推行住宅产业现代化，即用现代科学技术加速改造传统的住宅产业，以科技进步为核心，加速科技成果转化为生产力，全面提高住宅建设质量，改善住宅的使用功能和居住环境，大幅度提高住宅建设劳动生产力。"

二、发展全面提升期

发展全面提升期（1999年至今），分为发展提升期（1999—2010年）、快速发展期（2011—2015年）、全面发展期（2016年至今）3个时间段。

1. 发展提升期（1999—2010年）

1999年，国务院办公厅发布《关于推进住宅产业现代化提高住宅质量的若干意见》（国办发〔1999〕72号），是我国一段时期内开展住宅产业现代化纲领性文件。把装配式建筑发展推向了新阶段。

这一时期，国家重新明确了推进装配式建筑的目标、任务和保证措施，以住宅产业现代化为抓手，组建了专门的推进机构。

发展提升期的主要标志：

（1）2006年，建设部颁布《国家住宅产业化基地试行办法》（建住房〔2006〕150号）文件，培育和发展一批符合住宅产业现代化要求的引领企业，探索建筑工业化生产方式，研究开发住宅建筑体系和通用部品体系。推动建立一批国家住宅产业化基地，以点带面，全面推进住宅产业现代化。

（2）2006年，深圳市成为全国首个国家住宅产业现代化综合试点城市。创建一批住宅产业示范基地和示范项目。形成了建筑设计、部品部件生产、装配施工、房屋开发等住宅产业链，为全国的住宅产业现代化起到了示范和引导作用。

（3）2002年，建设部颁布《国家康居住宅示范工程选用部品与产品认定暂行办法》，将部品按支撑与围护、内装、设备、小区配套4个体系分类，初步建立了住宅部品体系。

（4）地方相继制定了与装配式混凝土建筑相关的设计规则、建设规范等，为全面推广装配式混凝土建筑提供了技术支撑。

（5）通过装配式混凝土建筑项目的实践，锻炼培养了一批设计、生产、施工、管理中坚人才。

2. 快速发展期（2011—2015 年）

《国民经济和社会发展第十二个五年规划纲要》指出，城镇保障性安居工程建设 3 600 万套。建筑行业体量大、政府主导、易于形成标准化的特点，为推进装配式建筑发展提供了前所未有的历史性机遇。国家顶层密集制定了一系列推进装配式建筑发展的政策文件，住房和城乡建设部通过在经济和技术政策研究、相关装配式建筑的标准规范制定，发挥国家住宅产业现代化综合试点城市、住宅产业示范基地和示范项目的引领作用，改善营商环境，推进了装配式建筑健康快速发展。

各级地方政府陆续建立了装配式建筑专职推进机构。探索推出有成效的政策措施。形成纵向指导横向结合、政策引导与市场资源配置结合的产业发展格局。

快速发展期主要标志：

（1）政策支持体系开始建立。党的十八大指出："走新型工业化道路。"《国民经济和社会发展第十二个五年规划纲要》指出："建筑业要推广绿色建筑、绿色施工，着力用先进建造、材料、信息技术优化结构和服务模式。"《绿色建筑行动方案》（国发办〔2013〕1 号）提出："住房和城乡建设等部门要加快建立促进建筑工业化的设计、施工、部品生产等环节的标准体系，推动结构件、部品、部件的标准化，丰富标准件的种类，提高通用性和可置换性。推广适合工业化生产的预制装配式混凝土、钢结构等建筑体系，加快发展建设工程的预制和装配技术，提高建筑工业化技术集成水平。支持集设计、生产、施工于一体的工业化基地建设，开展工业化建筑示范试点。积极推行住宅全装修，鼓励新建住宅一次装修到位或菜单式装修，促进个性化装修和产业化装修相统一。"

（2）技术支撑体系初显作用。相关标准、规范、导则陆续颁布：《装配式混凝土结构技术规程》（JGJ 1—2014）、《工业化建筑评价标准》（GB/T 51129—2015）、《装配整体式混凝土结构技术导则》（住房和城乡建设部住宅产业化促进中心编）。地方也相继出台了一些地方标准等。

（3）住宅产业现代化综合试点城市、住宅产业示范基地、示范项目发挥引领作用。据不完全统计，仅由基地企业完成的装配式建筑建筑面积占全国总量的 80% 以上，产业集聚度远远高于传统建造方式的建筑市场。

（4）国家层面全面发展期的总动员。继 1978 年之后，时隔 38 年于 2015 年 12 月 20 日，中央城市工作会议在北京召开。会议公报："推进城市绿色发展，提高建筑标准和工程质量，高度重视好建筑节能，要提升管理水平。"会议提出：要大力推动建造方式创新，以推广装配式建筑为重点，通过标准化设计、工厂化生产、装配化施工、一体化装修、信息化管理、智能化应用，促进建筑产业全面转型升级。

3. 全面发展期（2016 年至今）

中央城市工作会议召开不久，2016 年 2 月，中共中央、国务院发布《关于进一步加强城市规划建设管理工作的若干意见》提出，要用 10 年左右的时间，使装配式建筑占新建筑的比例达到 30%，2016 年 9 月，颁布《关于大力发展装配式建筑的指导意见》（国办发〔2016〕71号），是今后一段时期内，指导我国装配式建筑发展纲领性文件。

2017 年 2 月，国务院办公厅颁布《关于促进建筑业持续健康发展的意见》（国办发〔2017〕19 号）指出："坚持标准化设计、工厂化生产、装配化施工、一体化装修、信息化管理、智能化应用，推动建造方式创新，大力发展装配式混凝土和钢结构建筑，在具备条件的地方倡导发展现代木结构建筑，不断提高装配式建筑在新建建筑中的比例。力争用 10 年左右的时间，使装配式建筑占新建建筑面积的比例达到 30%。"

全面发展期主要标志：

（1）装配式建筑从试点示范项目向区域性全面推广发展。2017 年 3 月，住房和城乡建设部印发了《"十三五"装配式建筑行动方案》（建科〔2017〕77 号），同时发布的还有《装配式建筑示范城市管理办法》和《装配式建筑产业基地管理办法》。进一步细化了工作目标、重点任务、保障措施。"管理办法"使地方政府在装配式建筑发展目标、支持政策、技术标准、项目实施、发展机制等方面能够更好发挥示范引领作用，并呈现良好的发展趋势。

（2）基本上健全了装配式建筑标准体系。2017 年 1 月 10 日，住房和城乡建设部发布第1417 号、第 1418 号、第 1419 号公告，分别发布国家标准《装配式混凝土建筑技术标准》（GB/T 51231—2016）、《装配式钢结构建筑技术标准》（GB/T 51232—2016）、《装配式木结构建筑技术标准》（GB/T 51233—2016）（三本标准的实施日期都是 2017 年 6 月 1 日）。三部装配式建筑技术标准将有效发挥技术引领和规范作用，为推动我国装配式建筑持续发展提供了技术保障。《装配式建筑评价标准》（GB/T 51129—2017），自 2018 年 2 月 1 日起实施。该标准立足当前实际，面向未来发展，本着循序渐进、积极稳妥的精神，确定了衡量装配式建筑的评价指标体系。有利于推动我国装配式建筑健康、稳步、持续发展。

（3）装配式建筑新建面积占比提升。据统计，2016 年全国新建装配式建筑面积为 1.14亿 m^2，占城镇新建建筑面积的比例为 4.9%，比 2015 年同比增长 57%，2017 年 1—10 月，据不完全统计，全国已落实新建装配式建筑项目约 1.27 亿 m^2。装配式建筑规模的持续扩大，带动装配式建筑设计、部品部件生产、装配式施工、一体化装修、装配式设备制造、物流运输及相关配套产品等全产业链的迅速发展。

第二节　国外装配式建筑

国外装配式建筑发展大致经历了三个时期：一是建筑工业化的初期，建立工业化建筑生产（建造）体系；二是建筑工业化快速发展期，提高产品（住宅）的质量和性价比；三是建筑工业化发展的成熟期，进一步降低住宅的物耗和环境负荷，发展资源循环型住宅。国外的实践证明，利用工业化的生产手段是实现住宅建设低能耗、低污染，提高品质和效率可持续发展的根本途径。

一、日本

1. 发展历程

日本于 1960 年经济恢复之后,进入高速发展期。人口大量流向城市,为了满足市民的住房的基本需求,政府组织专家建立统一的模数标准,推进部品部件化、工业化生产方式,制定一系列住宅工业化方针、政策,通过大规模的住宅建设,满足了市民住房的基本需求,又为日本的装配式住宅产业的发展打下了基础。

日本装配式建筑的发展,得益于主体结构工业化和内装(部品)工业化同时起步。日本每五年颁布住宅建设五年计划(每一个五年计划都有明确的促进住宅产业发展和性能品质提高方面的政策和措施)。早在 1969 年,日本政府就制定了《推动住宅产业标准化五年计划》,开展材料、设备、制品标准、住宅性能标准、结构材料安全标准等方面的调查研究。1971—1975年,仅制品业的日本工业标准(JIS)就制定和修订了 115 条,占标准总数(187 条)的 61%。1971 年 2 月通产省(现为经济产业省)和建设省(现为国土交通省)联合提出"住宅生产和优先尺寸的建议",对房间、建筑部品、设备等优先尺寸提出建议。建设省于 1979 年提出了住宅性能测定方法和住宅性能等级的标准。标准化工作是企业实现住宅产品大批量社会化商品化生产的前提,极大地推动了住宅产业化的发展。

政府强有力的干预和支持对住宅产业的发展起到了重要作用,通过立法确保预制混凝土结构的质量。为了保证装配式住宅的质量,政府制定颁布了《工业化住宅性能认定规程》。该"认定规程"规定,申请认定的工业化建造住宅必须具备的条件:

①具有独立的生活所需的房间和设备。

②价格适中,一般居民可以负担。

③符合《建筑标准法》和其他有关法令。

④适宜大批量生产并易于施工的工法建造,具有可靠的质量。

⑤具有良好的市场,建成一年以上的同类型住宅超过 100 户。

1985 年以后,随着居民对装配式住宅高品质的需求,日本进入装配式住宅高品质阶段。传统建造方式完全退出住宅工程,采用新材料、新技术,进入成熟阶段。住宅产业经历了标准化、多样化、工业化、集约化、信息化不断完善的过程。

2. 借鉴与启示

(1)政府主导:为了推进住宅产业化,日本政府专门组建了通产省(现为经济产业省)和建设省(现为国土交通省)机构,推动住宅建设和经济政策的制定。引导企业住宅产业化新技术、新产品的开发,并给予低息长期贷款。为鼓励住房消费,国家成立了"住宅金公库",以比商业贷款低 30%的利率向中等收入以下的工薪阶层提供购房长期贷款(贷款期可长达 35年)。这一举措对推动住宅产业化发挥了很大作用。

日本政府在实施经济政策的同时,制定了一系列技术政策,以支撑住宅产业的发展。如大力推动住宅标准化;建立优良住宅部品认定制定;建立住宅性能认定制定;实行住宅技术方案竞赛制定等。

（2）协会、社团作用：日本预制建筑协会成立于 1963 年，由日本国土交通建设省和经济产业省主管。为一般社团法人，设有总会、理事会、项目管理委员会，下设 6 个分会（预制建筑分会、住宅分会、标准建筑分会、公共关系分会、教育分会、保险与担保推进分会）和 1 个事务所（一级建筑师事务所）。从 1988 年开始，对 PC 构件生产厂家的产品质量进行认证。

日本预制建筑协会在 PC 构件认证、组织人员培训和资格认定、灾后紧急供应标准住宅、推进高品质住宅建造、质量保险、担保等方面发挥了作用。

（3）标准和规范：日本装配式建筑标准和规范主要针对 PC 和外围护结构。

规范的主要技术内容有：总则、性能要求、部品材料、加工制造、脱模、储运、推放、连接节点、现场施工、防水构造、施工验收、质量控制等。

日本预制建筑协会出版了与 PC 相关的设计、技术手册。主要内容有：PC 建筑、PC 技术体系介绍、设计方法、加工制造、施工安装、连接节点、质量控制、质量验收等。

二、美国

1. 发展历程

美国的工业化住宅起步于（发端于房车）20 世纪 30 年代，最初为选择迁移、移动生活方式的人们提供一个住所。70 年代，美国国会通过了国家工业化住宅建造及安全法案，1976 年，美国联邦政府住房和城市发展部（简称 HUD）颁布了一系列严格的国家级规范标准，对住宅设计、施工、节能和质量进行了规范，对工业化住宅的采暖、制冷、空调、热能、电能、管道系统等也进行了规范。工业化住宅经历了从追求数量到追求质量的转变。90 年代，国家调整相关产业结构，本地金融巨头进入工业化住宅市场。

2. 房产企业

美国的工业化住宅生产，参与商主要有：

（1）大板住宅生产商。用工厂生产的预制构配件（如墙板、屋架、楼板等）建造房屋。

（2）大板住宅制造商。占美国住宅生产商最大份额。其中包括传统大板住宅生产商、木结构住宅建造商、其他结构体系住宅生产商。

（3）住宅组装营造商。这些公司通常在大都市郊区建造独户住宅和公寓式住宅楼直接卖给住户，不通过经销商等中间环节。

（4）住宅部件生产商。即独立生产部品部件的工厂，供货于住宅组装营造商。

（5）特殊单元生产商。即生产安装住宅中各种类型特殊功能单元的生产商。特殊单元还用于技术要求更高的公共建筑，如学校、办公楼、医院、银行。美国约有 170 家特殊单元生产商。每年平均建造 1 400 个特殊单元。

以上各生产商、制造商、营造商独立运营或相互配合。具有完善的住宅生产流程：

合同洽谈及住宅设计→工厂生产及加工装配→基础实施及避雷处理→结构施工及屋面安

装→内外装饰及设备安装→完工交接。

住宅生产流程顺畅，既保证了工期又保证了质量。

3. 住宅形式

美国的住宅形式有 4 种：

（1）独门独户式。多为 1～2 层，室外有草坪花卉、游泳池，多为中等生活水平的住户，约占住户的 50%以上。

（2）小型公寓式。一般为 3 层，每栋住 2～4 户，最多 20 户左右。多为出租住宅，约占住户的 30%。

（3）大型公寓式。多为 5～6 层，出租住宅。占住户的比例小。

（4）豪宅。1～2 层，建造面积、占地面积大，周边有草坪、树丛。

4. 住宅结构

美国的住宅结构主要有 3 种：

（1）木结构。美国西部地区的住宅以木结构为主（以冷杉木为骨架）。

（2）混合结构。墙体多用混凝土砌块承重，屋顶、楼板采用轻型结构。

（3）轻钢结构。在住宅工程中较常用。

5. 借鉴与启示

（1）模块化技术。

模块化技术是美国工业化住宅设计技术的关键技术保障。运用标准化原理和科学方法，把部品部件含有相同或相似的单元分离出来，进行统一、归并、简化，以通用单元形式独立存在。各模块具有相对独立的完整功能，可以按专业单独预制、运输、安装等。

（2）成本优势。

美国工业化住宅有广泛的需求市场，主要购买者为低收入阶层。成本优势主要来自以下几个方面：

①采购成本低：大批量的原材料采购。

②生产成本低：标准化设计，质量稳定；生产流程管理，注重效率。

③时间成本低：部品部件厂内生产，工期有保障；符合 HUD，地方政府主管部门审批快捷。

三、新加坡

1. 发展历程

20 世纪 60 年代，新加坡成为一个有主权的国家后，经济发展落后，缺乏土地与天然资源，失业率高达 12%，不仅住宅短缺，住房条件也差。新加坡为了摆脱困境，发展工业经济。其中的重要措施是：成立了建屋发展局，实行组屋制度。在最初的 3 年里，规划并建成了 21 000 个组屋单位。据 2015 年统计，建屋发展局共建设了 100 万户的组屋单位，供 80%的新加坡公民居住，7%的低收入家庭是向政府廉价租赁。政府注重提升装配式住宅市场需求，使新加坡成为世界公认的解决住宅问题较好的国家之一。

20世纪80年代初，3家外国承建商在建造新加坡重点工程中，对框架梁、墙体、楼板、楼梯采用预制工法。新加坡建屋发展局（简称HDB）从预制工法中得到启示，很快将装配式建筑引入住宅工程。本土新建的预制厂开始承接一些大体量的预制构件。90年代初，全国有12家混凝土预制构件厂，装配式住宅初具规模。

组屋通常为塔式或板式建筑，早期多为6～10层，新建的多为13～17层。新建组屋装配率达到70%以上，如达士岭组屋（高50层）装配率达到94%。装配式住宅部品部件有预制混凝土柱、梁、预应力叠合楼板、外墙、电梯墙、楼梯等。

2. 借鉴与启示

（1）"建筑物易建性评分"。

"建筑物易建性评分"，可理解为具有"施工性"，还含有"实用""经济""效益"的意思。从2000年开始，新加坡将易建性概念提高到法令层面，发布了易建设计规范，全名是"Code of Practice on Buildable Design"。

该规范对易建性定义为"一个建筑物容易建造的程度"，并提出："易建的设计能够使质量改善——这是因为相对容易施工，能减少技术工人的数目。"政府以法规的形式，对所有的新建设项目实行"建筑物易建性评分"。从设计源头为切入点进行控制，推动工业化建筑的发展。

易建性规范的主要内容：

主要规定了不同建筑物的易建性的最低计分要求，以及送审程序和易建性计分方法。通过易建性计分方法可以客观计算出建筑设计的易建性分值，建筑设计的易建性分值是由结构体系、墙体体系和其他易建性特征三部分的分值汇总求和得到的。

第一部分——结构体系（最高50分）。根据所用结构体系评分，各种不同结构体系可根据附表查出"易建性计分值"。

第二部分——墙体体系（最高40分）。根据所用墙体体系评分，各种不同墙体体系可根据附表查出"易建性计分值"。

第三部分——其他建筑设计特点（最高10分）。根据标准化、结构布置和预制构件的使用评分，也有附表可查。

易建性总分值＝结构体系易建性分值（包括屋顶系统）＋墙体体系易建性分值＋

其余建筑设计特点的易建性分值

除此之外，如果使用预制浴室、预制厕所，可以得到加分。分值越高，其易建性越强，建筑质量和劳动生产率也越高。

一个项目的易建性分值反映了所采用的结构体系、墙体体系和其他易建设计特点的劳动力消耗的高低。分值最高为100分。

评价体系的最重要的因素是劳动力节约指数，劳动力节约指数越高，意味着易建性更高和更少的工人需求。在某些情况下，劳动力节约指数可以进一步降低劳动密集型元素和组件的使用。

易建性评分的目的是促进易建设计的广泛应用，节省劳动力和提高工程质量。有特色的设计也可以得到较高的易建性分值。

结构设计，通过不同的结构形式的比较，选择可行性最高的。主要得分的有如下几项：标准化、模数化；简单化；集成化等。

"建筑物易建性评分"，建筑承包商的管理模式、施工质量等方面也纳入评分体系。

（2）"PIP 计划"。

"建筑物易建性评分"是设计阶段强制性规范，"PIP 计划"是政府为了鼓励承包商采用先进施工设备、先进施工技术、先进施工方案，制定的奖励政策。

四、西班牙

西班牙装配式建筑技术的应用很成熟，很普遍。住宅工程、政府投资的医院、学校基本上都是产业化方式建造，大部分是装配式混凝土结构。

西班牙重视建筑产业化专门人才的培养，大学设立专门的系科，鼓励高校教师参与装配式建筑社会实践。倡导工程项目建筑师总负责制。

西班牙非常重视建筑工业化全产业链的建设，经过多年的调整完善，全产业链为装配式建筑项目提供了保证。产业链的企业能自觉地扩大服务外延范围。

下面介绍相关的产业链企业，以 OSA 可持续性建筑和工程建造公司为例：

西班牙 OSA 可持续性建筑和工程建造公司，是一家专业从事可持续性建筑设计研究和工程建造的股份有限公司，其总部位于西班牙的两个主要城市——马德里和巴塞罗那，OSA 除在西班牙本土外，在多哈以及我国北京、上海和青岛等地都设有办公室。作为一个拥有卓越的生态气候建筑设计能力的公司，OSA 以利用可再生能源（如风能、太阳能等）替代当前传统能源，实现城市及建筑的低能源消耗和大的社会环境效益为宗旨，为工程项目提供了可持续性设计、项目管理、环境控制等方面的专业服务。凭借着高效和创新的建筑设计，OSA 可持续性建筑设计的理念一致获得各行业人士的推崇与青睐。

OSA 公司注重建筑产业现代化全产业链发展，提供建筑设计服务外，其参股的 PUJOL 预购构件厂有自己的水泥生产厂和泥沙厂，是欧洲最现代化的预制构件厂之一。

西班牙雷乌斯的圣琼安医院是用 OSA 理念建造的。该项目于 2007 年开工，历时 3 年建成。建筑面积 98 500 m²。可持续性建筑设计理念的创新、建造，使建筑节能达到 30% 以上。

技 术 篇

第四章　装配式混凝土建筑技术标准

《装配式混凝土建筑技术标准》（GB/T 51231—2016）的主要技术内容有：①总则；②术语和符号；③基本规定；④建筑集成设计；⑤结构系统设计；⑥外围护系统设计；⑦设备与管线系统设计；⑧内装系统设计；⑨生产运输；⑩施工安装；⑪质量验收。

本章提及的装配式混凝土建筑，是指住宅和公共建筑（以住宅、宿舍、教学楼、酒店、办公楼、公寓、商业、医院病房等为主），不含重型厂房。

装配式混凝土建筑技术标准的宗旨是：全面提高装配式混凝土建筑的环境效益、社会效益和经济效益。

装配式建筑全产业链：包括标准化设计、工厂化生产、装配化施工、一体化装修、信息化管理和智能化应用等，还应包括建筑全寿命期运营、维护、改造等。作为施工企业，应明确在全产业链中的位置和作用。

装配式建筑的建造，国家倡导总承包模式。这样有利于实现工程设计、部品部件生产、施工深度融合，向具有工程管理、设计、施工、生产、采购能力的工程总承包企业转型。作为施工企业的现场管理人员要扩展知识面，不断地向上、向下延伸。当前应重点学好用好基本规定；生产运输；施工安装；质量验收等技术标准以及建筑全寿命期运营、维护、改造等技术要点。

第一节　基本规定

（1）装配式混凝土建筑应采用系统集成的方法统筹设计、生产运输、施工安装，实现全过程的协同。

系统性和集成性是装配式建筑的基本特征，装配式建筑是以完整的建筑产品为对象，提供性能优良的完整建筑产品，通过系统集成的方法，实现设计、生产运输、施工安装和使用维护全过程的一体化。

（2）装配式混凝土建筑设计应按照通用化、模数化、标准化的要求，以少规格、多组合的原则，实现建筑及部品部件的系列化和多样化。

装配式建筑的建筑设计应进行模数协调，以满足建造装配化与部品部件标准化、通用化的要求。标准化设计是实施装配式建筑的有效手段，没有标准化就不可能实现结构系统、外围护系统、设备与管线系统以及内装系统的一体化集成，而模数和模数协调是实现装配式建筑标准化设计的重要基础，涉及装配式建筑产业链上的各个环节。少规格、多组合是装配式建筑设计的重要原则，减少部品部件的规格种类及提高部品部件模板的重复使用率，有利于部品部件的生产制造与施工，有利于提高生产速度和工人的劳动效率，从而降低造价。

（3）部品部件的工厂化生产应建立完善的生产质量管理体系，设置产品标识，提高生产精度，保障产品质量。

（4）装配式混凝土建筑应综合协调建筑、结构、设备和内装等专业，制定相互协同的施工组织方案，并应采用装配式施工，保证工程质量，提高劳动效率。

（5）装配式混凝土建筑应实现全装修，内装系统应与结构系统、外围护系统、设备与管线系统一体化设计建造。

（6）装配式混凝土建筑宜采用建筑信息模型（BIM）技术，实现全专业、全过程的信息化管理。

建筑信息模型技术是装配式建筑建造过程的重要手段。通过信息数据平台管理系统将设计、生产、施工、物流和运营等各环节联系为一体化管理，对提高工程建设各阶段及各专业之间协同配合的效率，以及一体化管理水平具有重要作用。

（7）装配式混凝土建筑宜采用智能化技术，提升建筑使用的安全、便利、舒适和环保等性能。

（8）装配式混凝土建筑应进行技术策划，对技术选型、技术经济的可行性和可建造性进行评估，并应科学合理地确定建造目标与技术实施方案。

在建筑设计前期，应结合当地的政策法规、用地条件、项目定位进行技术策划。技术策划应包括设计策划、部品部件生产与运输策划、施工安装策划和经济成本策划。

设计策划应结合总图概念方案或建筑概念方案，对建筑平面、结构系统、外围护系统、设备与管线系统、内装系统等进行标准化设计策划，并结合成本估算，选择相应的技术配置。

部品部件生产策划根据供应商的技术水平、生产能力和质量管理水平，确定供应商范围；部品部件运输策划应根据供应商生产基地与项目用地之间的距离、道路状况、交通管理及场地放置等条件，选择稳定可靠的运输方案。

施工安装策划应根据建筑概念方案，确定施工组织方案、关键施工技术方案、机具设备的选择方案、质量保障方案等。

经济成本策划要确定项目的成本目标，并对装配式建筑实施重要环节的成本优化提出具体指标和控制要求。

（9）装配式混凝土建筑应满足适用性能、环境性能、经济性能、安全性能、耐久性能等要求，并应采用绿色建材和性能优良的部品部件。

装配式建筑强调性能要求，提高建筑质量和品质。因此外围护系统、设备与管线系统以及内装系统应遵循绿色建筑全寿命期的理念，结合地域特点和地方优势，优先采用节能环保的技术、工艺、材料和设备，实现节约资源、保护环境和减少污染的目标，为人们提供健康舒适的居住环境。

第二节　生产运输

一、一般规定

（1）生产单位应具备保证产品质量要求的生产工艺设施、试验检测条件，建立完善的质量管理体系和制度，并宜建立质量可追溯的信息化管理系统。

完善的质量管理体系和制度是质量管理的前提条件和企业质量管理水平的体现；质量管理体系中应建立并保持与质量管理有关的文件形成和控制工作程序，该程序应包括文件的编制（获取）、审核、批准、发放、变更和保存等。

文件可存在各种载体上，与质量管理有关的文件包括：

①法律、法规和规范性文件。

②技术标准。

③企业制定的质量手册、程序文件和规章制度等质量体系文件。

④与预制构件产品有关的设计文件和资料。

⑤与预制构件产品有关的技术指导书和质量管理控制文件。

⑥其他相关文件。

生产单位宜采用现代化的信息管理系统，并建立统一的编码规则和标识系统。信息化管理系统应与生产单位的生产工艺流程相匹配，贯穿整个生产过程，并应与构件 BIM 信息模型有接口，有利于在生产全过程中控制构件生产质量，精确算量，并形成生产全过程记录文件及影像。预制构件表面预埋带无线射频芯片的标识卡（RFID 卡）有利于实现装配式建筑质量全过程控制和追溯，芯片中应存入生产过程及质量控制全部相关信息。

（2）预制构件生产前，应由建设单位组织设计、生产、施工单位进行设计文件交底和会审。必要时，应根据批准的设计文件、拟定的生产工艺、运输方案、吊装方案等编制加工详图。

当原设计文件深度不够，不足以指导生产时，需要生产单位或专业公司另行制作加工详图，如加工详图与设计文件意图不同时，应经原设计单位认可。

加工详图包括：预制构件模具图、配筋图；满足建筑、结构和机电设备等专业要求和构件制作、运输、安装等环节要求的预埋件布置图；面砖或石材的排板图，夹芯保温外墙板内外叶墙拉结件布置图和保温板排板图等。

（3）预制构件生产前应编制生产方案，生产方案宜包括生产计划及生产工艺、模具方案及计划、技术质量控制措施、成品存放、运输和保护方案等。

生产方案具体内容包括：生产工艺、生产计划、模具方案、模具计划、技术质量控制措施、成品保护、存放及运输方案等内容，必要时，应对预制构件脱模、吊运、码放、翻转及运输等工况进行计算。

冬期生产时，可参照现行行业标准《建筑工程冬期施工规程》（JGJ/T 104—2011）的有关规定编制生产方案。

（4）生产单位的检测、试验、张拉、计量等设备及仪器仪表均应检定合格，并应在有效期内使用。不具备试验能力的检验项目，应委托第三方检测机构进行试验。

在预制构件生产质量控制中需要进行有关钢筋、混凝土和构件成品等的日常试验和检测，预制构件企业应配备开展日常试验检测工作的试验室。通常是生产单位试验室应满足产品生产用原材料必试项目的试验检测要求，其他试验检测项目可委托有资质的检测机构进行。

（5）预制构件生产宜建立首件验收制度。

首件验收制度是指结构较复杂的预制构件或新型构件首次生产或间隔较长时间重新生产时，生产单位需会同建设单位、设计单位、施工单位、监理单位共同进行首件验收，重点检查模具、构件、预埋件、混凝土浇筑成型中存在的问题，确认该批预制构件生产工艺是否合理，质量能否得到保障，共同验收合格之后方可批量生产。

（6）预制构件的原材料质量、钢筋加工和连接的力学性能、混凝土强度、构件结构性能、装饰材料、保温材料及拉结件的质量等均应根据国家现行有关标准进行检查和检验，并应具有生产操作规程和质量检验记录。

（7）预制构件生产的质量检验应按模具、钢筋、混凝土、预应力、预制构件等检验进行。预制构件的质量评定应根据钢筋、混凝土、预应力、预制构件的试验、检验资料等项目进行。当上述各检验项目的质量均合格时，方可评定为合格产品。

检验时对新制或改制后的模具应按件检验，对重复使用的定型模具、钢筋半成品和成品应分批随机抽样检验，对混凝土性能应按批检验。

模具、钢筋、混凝土、预制构件制作、预应力施工等质量，均应在生产班组自检、互检和交接检的基础上，由专职检验员进行检验。

（8）预制构件和部品生产中采用新技术、新工艺、新材料、新设备时，生产单位应制定专门的生产方案；必要时进行样品试制，经检验合格后方可实施。

采用新技术、新工艺、新材料、新设备时，应制定可行的技术措施。设计文件中规定使用新技术、新工艺、新材料时，生产单位应依据设计要求进行生产。生产单位计划使用新技术、新工艺、新材料时，可能会影响到产品的质量，必要时应试制样品，并经建设、设计、施工和监理单位核准后方可实施。本条的"新工艺"是指以前未在任何工程中应用的生产工艺。

（9）预制构件和部品经检查合格后，应设置表面标识。预制构件和部品出厂时，应出具质量证明文件。

预制构件和部品检查合格后，应在明显位置设置表面标识。预制构件的表面标识应包括构件编号、制作日期、合格状态、生产单位等信息。

除合同另有要求外，预制构件交付时应按照相关规定提供质量证明文件。

目前，有些地方的预制构件生产实行了监理驻厂监造制度，应根据各地方技术发展水平细化预制构件生产全过程监测制度，驻厂监理应在出厂质量证明文件上签字。

二、原材料及配件

（1）原材料及配件应按照国家现行有关标准、设计文件及合同约定进行进厂检验。检验批划分应符合下列规定：

①预制构件生产单位将采购的同一厂家同批次材料、配件及半成品用于生产不同工程的预制构件时，可统一划分检验批；

②获得认证的或来源稳定且连续三批均一次检验合格的原材料及配件，进场检验时检验批的容量可按相关规定扩大 1 倍，且检验批容量仅可扩大 1 倍。扩大检验批后的检验中，出现不合格情况时，应按扩大前的检验批容量重新验收，且该种原材料或配件不得再次扩大检验批容量。

预制构件用原材料的种类较多，在组织生产前应充分了解图纸设计要求，并通过试验进行合理选用材料，以满足预制构件的各项性能要求。

预制构件生产单位应要求原材料供货方提供满足要求的技术证明文件，证明文件包括出厂合格证和检验报告等，有特殊性能要求的原材料应由双方在采购合同中给予明确说明。

原材料质量的优劣对预制构件的质量起着决定性作用，生产单位应认真做好原材料的进货验收工作。首批或连续跨年进货时应核查供货方提供的型式检验报告，生产单位还应对其质量证明文件的真实性负责。如果存档的质量证明文件是伪造或不真实的，根据有关标准的规定生产单位也应承担相应的责任。质量证明文件的复印件存档时，还需加盖原件存放单位的公章，并由存放单位经办人签字。

预制构件生产单位将采购的同一厂家同批次材料、配件及半成品用于生产不同工程的预制构件，可统一划分检验批。预制构件生产单位同期生产的预制构件使用于不同工程时，加盖公章（或检验章）的复印件具有法律效力。

为适当减少有关产品的检验工作量，对符合限定条件的产品进场检验做了适当调整。对来源稳定且连续检验合格，或经产品认证符合要求的产品，进厂时可按本标准的有关规定放宽检验。"经产品认证符合要求的产品"是指经产品认证机构认证，认证结论为符合认证要求的产品。产品认证机构应经国家认证认可监督管理部门批准。放宽检验系指扩大检验批量，不是放宽检验指标。

"原材料批次要求"指以下条款中提到的批次要求，如同一厂家、同一品种、同一代号、同一强度等级且连续进厂的硅酸盐水泥，袋装水泥不超过 200 t 为一批，散装水泥不超过 500 t 为一批。

（2）钢筋进厂时，应全数检查外观质量，并应按国家现行有关标准的规定抽取试件做屈服强度、抗拉强度、伸长率、弯曲性能和重量偏差检验，检验结果应符合相关标准的规定，检查数量应按进厂批次和产品的抽样检验方案确定。

钢筋对混凝土结构的承载能力至关重要，对其质量应从严要求。

与热轧光圆钢筋、热轧带肋钢筋、余热处理钢筋性能及检验相关的国家现行标准有：《钢

筋混凝土用钢　第 1 部分：热轧光圆钢筋》（GB/T 1499.1—2017）、《钢筋混凝土用钢　第 2 部分：热轧带肋钢筋》（GB/T 1499.2—2018）和《钢筋混凝土用余热处理钢筋》（GB 13014—2013）等。与冷加工钢筋性能及检验相关的国家现行标准有：《冷轧带肋钢筋》（GB/T 13788—2017）、《高延性冷轧带肋钢筋》（YB/T 4260—2011）、《冷轧带肋钢筋混凝土结构技术规程》（JGJ 95—2011）和《冷拔低碳钢丝应用技术规程》（JGJ 19—2010）等。

钢筋进厂时，应检查质量证明文件，并按有关标准的规定进行抽样检验。由于生产量、运输条件和各种钢筋的用量等的差异，很难对钢筋进厂的批量大小作出统一规定。实际验收时，若有关标准中对进厂检验作了具体规定，应遵照执行；若有关标准中只有对产品出厂检验的规定，则在进厂检验时，批量应按下列情况确定：

①对同一厂家、同一牌号、同一规格的钢筋，当一次进厂的数量大于该产品的出厂检验批量时，应划分为若干个出厂检验批，并按出厂检验的抽样方案执行。

②对同一厂家、同一牌号、同一规格的钢筋，当一次进厂的数量小于或等于该产品的出厂检验批量时，应作为一个检验批，并按出厂检验的抽样方案执行。

③对不同时间进厂的同批钢筋，当确有可靠依据时，可按一次进厂的钢筋处理。

质量证明文件包括产品合格证、出厂检验报告，有时产品合格证、出厂检验报告可以合并；当用户有特别要求时，还应列出某些专门检验数据。进厂抽样检验的结果是钢筋材料能否在预制构件中应用的判断依据。

对于每批钢筋的检验数量，应按相关产品标准执行。国家标准《钢筋混凝土用钢　第 1 部分：热轧光圆钢筋》（GB/T 1499.1—2017）和《钢筋混凝土用钢　第 2 部分：热轧带肋钢筋》（GB/T 1499.2—2018）中规定热轧钢筋每批抽取 5 个试件，先进行重量偏差检验，再取其中 2 个试件进行拉伸试验检验屈服强度、抗拉强度、伸长率，另取其中 2 个试件进行弯曲性能检验。对于钢筋伸长率，牌号带"E"的钢筋必须检验最大力下总伸长率。

（3）成型钢筋进厂检验应符合下列规定：

①同一厂家、同一类型且同一钢筋来源的成型钢筋，不超过 30 t 为一批，每批中每种钢筋牌号、规格均应至少抽取 1 个钢筋试件，总数不应少于 3 个，进行屈服强度、抗拉强度、伸长率、外观质量、尺寸偏差和重量偏差检验，检验结果应符合国家现行有关标准的规定。

②对由热轧钢筋组成的成型钢筋，当有企业或监理单位的代表驻厂监督加工过程并能提供原材料力学性能检验报告时，可仅进行重量偏差检验。

③成型钢筋尺寸允许偏差应符合相关的规定。

专业钢筋加工厂家多采用自动化钢筋加工设备，经过合理的工艺流程，在固定的加工场所将钢筋加工成为工程所需成型钢筋制品即成型钢筋，其产品具有规模化、质量控制水平高等优点。目前，较多中小型预制构件生产单位的钢筋桁架和钢筋网片由专业钢筋加工厂家提供，因此，本条对成型钢筋进厂检验作出规定。

标准所规定的同类型指钢筋品种、型号和加工后的形式完全相同；同一钢筋来源指成型钢筋加工所用钢筋为同一钢筋企业生产。成型钢筋的质量证明文件主要为产品合格证和出厂检验报告。为鼓励成型钢筋产品的认证和先进加工模式的推广应用，规定此种情况可放大检验批量。

对采用热轧钢筋为原材料的成型钢筋，加工过程中一般对钢筋的性能改变较小，当有监理方的代表驻厂监督加工过程并能提交该批成型钢筋的原材料见证检验报告的情况下，可以减少部分检验项目，可只进行重量偏差检验。

外购的成型钢筋按照本条进行进厂检验，不包括预制构件生产单位自购原材料加工的产品。

（4）预应力筋进厂时，应全数检查外观质量，并应按国家现行相关标准的规定抽取试件做抗拉强度、伸长率检验，其检验结果应符合相关标准的规定，检查数量应按进厂的批次和产品的抽样检验方案确定。

预应力筋外表面不应有裂纹、小刺、机械损伤、氧化铁皮和油污等，展开后应平顺、不应有弯折。

常用的预应力筋有钢丝、钢绞线、精轧螺纹钢筋等。不同的预应力筋产品，其质量标准及检验批容量均由相关产品标准作了明确的规定，制定产品抽样检验方案时应按不同产品标准的具体规定执行。目前常用预应力筋的相应产品标准有：《预应力混凝土用钢绞线》（GB/T 5224—2014）、《预应力混凝土用钢丝》（GB/T 5223—2014）、《预应力混凝土用螺纹钢筋》（GB/T 20065—2016）和《无粘结预应力钢绞线》（JG/T 161—2016）等。

预应力筋应根据进厂批次和产品的抽样检验方案确定检验批进行抽样检验。由于各厂家提供的预应力筋产品合格证内容与格式不尽相同，为统一、明确有关内容，要求厂家除了提供产品合格证，还应提供反映预应力筋主要性能的出厂检验报告，两者也可合并提供。抽样检验可仅作预应力筋抗拉强度与伸长率试验；松弛率试验由于时间较长，成本较高，同时目前产品质量比较稳定，一般不需要进行该项检验，当工程确有需要时，可进行检验。

（5）预应力筋锚具、夹具和连接器进厂检验应符合下列规定：

①同一厂家、同一型号、同一规格且同一批号的锚具不超过 2 000 套为一批，夹具和连接器不超过 500 套为一批。

②每批随机抽取 2%的锚具（夹具或连接器）且不少于 10 套进行外观质量和尺寸偏差检验，每批随机抽取 3%的锚具（夹具或连接器）且不少于 5 套对有硬度要求的零件进行硬度检验，经上述两项检验合格后，应从同批锚具中随机抽取 6 套锚具（夹具或连接器）组成 3 个预应力锚具组装件，进行静载锚固性能试验。

③对于锚具用量较少的一般工程，如锚具供应商提供了有效的锚具静载锚固性能试验合格的证明文件，可仅进行外观检查和硬度检验。

④检验结果应符合现行行业标准《预应力筋用锚具、夹具和连接器应用技术规程》（JGJ 85—2010）的有关规定。

与预应力筋用锚具相关的国家现行标准有：《预应力筋用锚具、夹具和连接器》（GB/T 14370—2015）和《预应力筋用锚具、夹具和连接器应用技术规程》（JGJ 85—2010）。前者是产品标准，主要是生产厂家生产、质量检验的依据，后者是锚夹具产品工程应用的依据，包括设计选用、进场检验、工程施工等内容。

（6）水泥进厂检验应符合下列规定：

①同一厂家、同一品种、同一代号、同一强度等级且连续进厂的硅酸盐水泥，袋装水泥不超过 200 t 为一批，散装水泥不超过 500 t 为一批；按批抽取试样进行水泥强度、安定性和凝结时间检验，设计有其他要求时，尚应对相应的性能进行试验，检验结果应符合现行国家标准《通用硅酸盐水泥》（GB 175—2007）的有关规定。

②同一厂家、同一强度等级、同白度且连续进厂的白色硅酸盐水泥，不超过 50 t 为一批；按批抽取试样进行水泥强度、安定性和凝结时间检验，设计有其他要求时，尚应对相应的性能进行试验，检验结果应符合现行国家标准《白色硅酸盐水泥》（GB/T 2015—2017）的有关规定。

国家大力推广散装水泥，散装水泥批号是在水泥装车时计算机自动编制的，水泥厂每发出 2 000 t 水泥自动换批号，经常出现预制构件生产单位连续进场的水泥批号不一致，大大增加检验批次。目前，全国水泥质量大幅度提高，规定按照"同一厂家、同一品种、同一代号、同一强度等级且连续进厂的水泥"进行检验，完全能够保证质量。

强度、安定性是水泥的重要性能指标，与现行国家标准《混凝土结构工程施工质量验收规范》（GB 50204—2015）规定一致，进厂时应复验。

装配式构件中装饰构件会越来越多，白水泥将逐渐成为构件厂的采用水泥之一，规定其进厂检验批量很有必要。本标准将白水泥的进厂检验批量定为 50 t，主要是考虑白水泥总用量较小，批量过大容易过期失效。同时也参考了《白色硅酸盐水泥》（GB/T 2015—2017）第 8.1 节，编号及取样的规定："水泥出厂前按同标号、同白度编号取样。每一个编号为一个取样单位。水泥编号按水泥厂年产量规定。5 万 t 以上，不超过 200 t 为一编号；1 万～5 万 t，不超过 150 t 为一编号；1 万 t 以下，不超过 50 t 或不超过 3 天产量为一编号"。

（7）矿物掺合料进厂检验应符合下列规定：

①同一厂家、同一品种、同一技术指标的矿物掺合料，粉煤灰和粒化高炉矿渣粉不超过 200 t 为一批，硅灰不超过 30 t 为一批。

②按批抽取试样进行细度（比表面积）、需水量比（流动度比）和烧失量（活性指数）试验；设计有其他要求时，尚应对相应的性能进行试验；检验结果应分别符合现行国家标准《用于水泥和混凝土中的粉煤灰》（GB/T 1596—2017）、《用于水泥、砂浆和混凝土中的粒化高炉矿渣粉》（GB/T 18046—2017）和《砂浆和混凝土用硅灰》（GB/T 27690—2011）的有关规定。

本条只列出预制构件生产常用的粉煤灰、粒化高炉矿渣粉和硅灰等三种矿物掺合料的进厂检验规定。其他矿物掺合料的使用和检测应符合设计要求和现行有关标准的规定。

（8）减水剂进厂检验应符合下列规定：

①同一厂家、同一品种的减水剂，掺量大于 1%（含 1%）的产品不超过 100 t 为一批，掺量小于 1%的产品不超过 50 t 为一批。

②按批抽取试样进行减水率、1 d 抗压强度比、固体含量、含水率、pH 和密度试验。

③检验结果应符合现行国家标准《混凝土外加剂》（GB 8076—2008）、《混凝土外加剂应

用技术规范》（GB 50119—2013）和《聚羧酸系高性能减水剂》（JG/T 223—2017）的有关规定。

本条只列出预制构件生产常用的减水剂进厂检验规定，其他外加剂的使用和检测应符合设计要求和现行有关标准的规定。混凝土减水剂是装配式预制构件生产采用的主要混凝土外加剂品种，而且宜采用早强型聚羧酸系高性能减水剂。如果预制构件企业根据实际情况需要添加缓凝剂、引气剂等其他品种外加剂时，其产品质量也应符合现行国家标准《混凝土外加剂》（GB 8076—2008）和《混凝土外加剂应用技术规范》（GB 50119—2013）的规定。

（9）骨料进厂检验应符合下列规定：

①同一厂家（产地）且同一规格的骨料，不超过 400 m³ 或 600 t 为一批；

②天然细骨料按批抽取试样进行颗粒级配、细度模数含泥量和泥块含量试验；机制砂和混合砂应进行石粉含量（含亚甲蓝）试验；再生细骨料还应进行微粉含量、再生胶砂需水量比和表观密度试验；

③天然粗骨料按批抽取试样进行颗粒级配、含泥量、泥块含量和针片状颗粒含量试验，压碎指标可根据工程需要进行检验；再生粗骨料应增加微粉含量、吸水率、压碎指标和表观密度试验；

④检验结果应符合国家现行标准《普通混凝土用砂、石质量及检验方法标准》（JGJ 52—2006）、《混凝土用再生粗骨料》（GB/T 25177—2010）和《混凝土和砂浆用再生细骨料》（GB/T 25176—2010）的有关规定。

除本条的检验项目外，骨料的坚固性、有害物质含量和氯离子含量等其他质量指标可在选择骨料时根据需要进行检验，一般情况下应由厂家提供的型式检验报告列出全套质量指标的检测结果。

（10）轻集料进厂检验应符合下列规定：

①同一类别、同一规格且同密度等级，不超过 200 m³ 为一批。

②轻细集料按批抽取试样进行细度模数和堆积密度试验，高强轻细集料还应进行强度标号试验。

③轻粗集料按批抽取试样进行颗粒级配、堆积密度、粒形系数、筒压强度和吸水率试验，高强轻粗集料还应进行强度标号试验。

④检验结果应符合现行国家标准《轻集料及其试验方法　第 1 部分：轻集料》（GB/T 17431.1—2010）的有关规定。

（11）混凝土拌制及养护用水应符合现行行业标准《混凝土用水标准》（JGJ 63—2006）的有关规定，并应符合下列规定：

①采用饮用水时，可不检验。

②采用中水、搅拌站清洗水或回收水时，应对其成分进行检验，同一水源每年至少检验一次。

回收水是指搅拌机和运输车等清洗用水经过沉淀、过滤、回收后再次加以利用的水。从节约水资源角度出发，鼓励回收水再利用，但回收水中因含有水泥、外加剂等原材料及其反应后的残留物，这些残留成分可能影响混凝土的使用性能，应经过试验方可确定能否使用。部分或全部回收水作为混凝土拌和用水的质量均应符合现行行业标准《混凝土用水标准》（JGJ 63—2006）的要求。用高压水冲洗预涂缓凝剂形成粗糙面的回收水，未经处理和未经检验合格，不得用作混凝土搅拌用水。

（12）钢纤维和有机合成纤维应符合设计要求，进厂检验应符合下列规定：

①用于同一工程的相同品种且相同规格的钢纤维，不超过 20 t 为一批，按批抽取试样进行抗拉强度、弯折性能、尺寸偏差和杂质含量试验。

②用于同一工程的相同品种且相同规格的合成纤维，不超过 50 t 为一批，按批抽取试样进行纤维抗拉强度、初始模量、断裂伸长率、耐碱性能、分散性相对误差和混凝土抗压强度比试验，增韧纤维还应进行韧性指数和抗冲击次数比试验。

③检验结果应符合现行行业标准《纤维混凝土应用技术规程》（JGJ/T 221—2010）的有关规定。

（13）脱模剂应符合下列规定：

①脱模剂应无毒、无刺激性气味，不应影响混凝土性能和预制构件表面装饰效果。

②脱模剂应按照使用品种，选用前及正常使用后每年进行一次匀质性和施工性能试验。

③检验结果应符合现行行业标准《混凝土制品用脱模剂》（JC/T 949—2005）的有关规定。

大多数预制构件在室内生产，应选择对人身体无害的环保型产品。脱模剂的使用效果与预制构件生产工艺、生产季节、涂刷方式有很大关系，应经过试验确定最佳脱模效果。

（14）保温材料进厂检验应符合下列规定：

①同一厂家、同一品种且同一规格，不超过 5 000 m² 为一批。

②按批抽取试样进行导热系数、密度、压缩强度、吸水率和燃烧性能试验。

③检验结果应符合设计要求和国家现行相关标准的有关规定。

预制构件中常用的保温材料有挤塑聚苯板、硬泡聚氨酯板、真空绝热板等其导热系数随时间逐步衰减，尤其是刚生产出来的保温材料的导热系数衰减很快，需要严格按照标准规定取样进行检测。当使用标准或规范无规定的保温材料时，应有充足的技术依据，并应在使用前进行试验验证。

（15）预埋吊件进厂检验应符合下列规定：

①同一厂家、同一类别、同一规格预埋吊件，不超过 10 000 件为一批。

②按批抽取试样进行外观尺寸、材料性能、抗拉拔性能等试验。

③检验结果应符合设计要求。

（16）内外叶墙体拉结件进厂检验应符合下列规定：

①同一厂家、同一类别、同一规格产品，不超过 10 000 件为一批。

②按批抽取试样进行外观尺寸、材料性能、力学性能检验，检验结果应符合设计要求。

拉结件是保证装配整体式夹芯保温剪力墙板和夹芯保温外挂墙板内、外叶墙可靠连接的重要部件，应保证其在混凝土中的锚固可靠性。

（17）灌浆套筒和灌浆料进厂检验应符合现行行业标准《钢筋套筒灌浆连接应用技术规程》（JGJ 355—2015）的有关规定。

灌浆料是灌浆套筒进货前进行的钢筋套筒连接工艺检验必不可少的材料。但由于生产单位用量极少，因此可以使用施工现场采购的同一厂家、同一品种、同一型号产品。如果施工单位尚未开始进货，预制构件生产单位可以自购一批，检验合格后用于工艺检验。

（18）钢筋浆锚连接用镀锌金属波纹管进厂检验应符合下列规定：

①应全数检查外观质量，其外观应清洁，内外表面应无锈蚀、油污、附着物、孔洞，不应有不规则褶皱，咬口应无开裂、脱扣。

②应进行径向刚度和抗渗漏性能检验，检查数量应按进场的批次和产品的抽样检验方案确定。

③检验结果应符合现行行业标准《预应力混凝土用金属波纹管》（JG 225—2007）的规定。

三、模具

（1）预制构件生产应根据生产工艺、产品类型等制定模具方案，应建立健全模具验收、使用制度。

（2）模具应具有足够的强度、刚度和整体稳固性，并应符合下列规定：

①模具应装拆方便，并应满足预制构件质量、生产工艺和周转次数等要求。

②结构造型复杂、外形有特殊要求的模具应制作样板，经检验合格后方可批量制作。

③模具各部件之间应连接牢固，接缝应紧密，附带的埋件或工装应定位准确，安装牢固。

④用作底模的台座、胎模、地坪及铺设的底板等应平整光洁，不得有下沉、裂缝、起砂和起鼓。

⑤模具应保持清洁，涂刷脱模剂、表面缓凝剂时应均匀、无漏刷、无堆积，且不得沾污钢筋，不得影响预制构件外观效果。

⑥应定期检查侧模、预埋件和预留孔洞定位措施的有效性；应采取防止模具变形和锈蚀的措施；重新启用的模具应检验合格后方可使用。

⑦模具与平模台间的螺栓、定位销、磁盒等固定方式应可靠，防止混凝土振捣成型时造成模具偏移和漏浆。

模具是专门用来生产预制构件的各种模板系统，可采用固定在生产场地的固定模具，也可采用移动模具。对于形状复杂、数量少的构件也可采用木模或其他材料制作。清水混凝土预制构件建议采用精度较高的模具制作。流水线平台上的各种边模可采用玻璃钢、铝合金、高品质复合板等轻质材料制作。

在模台上用磁盒固定边模具有简单方便的优势，能够更好地满足流水线生产节拍需要。虽然磁盒在模台上的吸力很大，但是振动状态下抗剪切能力不足，容易造成偏移，影响几何尺寸，用磁盒生产高精度几何尺寸预制构件时，需要采取辅助定位措施。

（3）除设计有特殊要求外，预制构件模具尺寸偏差和检验方法应符合表4-1的规定。

表4-1　预制构件模具尺寸允许偏差和检验方法

项次	检验项目、内容		允许偏差/mm	检验方法
1	长度	≤6 m	1，−2	用尺量平行构件高度方向，取其中偏差绝对值较大处
		>6 m 且≤12 m	2，−4	
		>12 m	3，−5	
2	宽度、高（厚）度	墙板	1，−2	用尺测量两端或中部，取其中偏差绝对值较大处
3		其他构件	2，−4	
4	底模表面平整度		2	用2 m靠尺和塞尺量
5	对角线差		3	用尺量对角线
6	侧向弯曲		L/1 500 且≤5	拉线，用钢尺量测侧向弯曲最大处
7	翘曲		L/1 500	对角拉线测量交点间距离值的2倍
8	组装缝隙		1	用塞片或塞尺量测，取最大值
9	端模与侧模高低差		1	用钢尺量

注：L为模具与混凝土接触面中最长边的尺寸。

（4）构件上的预埋件和预留孔洞宜通过模具进行定位，并安装牢固，其安装偏差应符合表4-2的规定。

表4-2　模具上预埋件、预留孔洞安装允许偏差

项次	检验项目		允许偏差/mm	检验方法
1	预埋钢板、建筑幕墙用槽式预埋组件	中心线位置	3	用尺量测纵横两个方向的中心线位置，取其中较大值
		平面高差	±2	钢直尺和塞尺检查
2	预埋管、电线盒、电线管水平和垂直方向的中心线位置偏移、预留孔、浆锚搭接预留孔（或波纹管）		2	用尺量测纵横两个方向的中心线位置，取其中较大值
3	插筋	中心线位置	3	用尺量测纵横两个方向的中心线位置，取其中较大值
		外露长度	+10，0	用尺量测
4	吊环	中心线位置	3	用尺量测纵横两个方向的中心线位置，取其中较大值
		外露长度	0，−5	用尺量测
5	预埋螺栓	中心线位置	2	用尺量测纵横两个方向的中心线位置，取其中较大值
		外露长度	+5，0	用尺量测
6	预埋螺母	中心线位置	2	用尺量测纵横两个方向的中心线位置，取其中较大值
		平面高差	±1	钢直尺和塞尺检查

续表

项次	检验项目		允许偏差/mm	检验方法
7	预留洞	中心线位置	3	用尺量测纵横两个方向的中心线位置，取其中较大值
		尺寸	+3，0	用尺量测纵横两个方向尺寸，取其中较大值
8	灌浆套筒及连接钢筋	灌浆套筒中心线位置	1	用尺量测纵横两个方向的中心线位置，取其中较大值
		连接钢筋中心线位置	1	用尺量测纵横两个方向的中心线位置，取其中较大值
		连接钢筋外露长度	+5，0	用尺量测

（5）预制构件中预埋门窗框时，应在模具上设置限位装置进行固定，并应逐件检验。门窗框安装偏差和检验方法应符合表 4-3 的规定。

表 4-3　门窗框安装允许偏差和检验方法

项目		允许偏差/mm	检验方法
锚固脚片	中心线位置	5	钢尺检查
	外露长度	+5，0	钢尺检查
门窗框位置		2	钢尺检查
门窗框高、宽		±2	钢尺检查
门窗框对角线		±2	钢尺检查
门窗框的平整度		2	靠尺检查

四、钢筋及预埋件

（1）钢筋宜采用自动化机械设备加工，并应符合现行国家标准《混凝土结构工程施工规范》（GB 50666—2011）的有关规定。

使用自动化机械设备进行钢筋加工与制作，可减少钢筋损耗且有利于质量控制，有条件时应尽量采用。自动化机械设备进行钢筋调直、切割和弯折，其性能应符合现行标准的有关规定。

（2）钢筋连接除应符合现行国家标准《混凝土结构工程施工规范》（GB 50666—2011）的有关规定外，尚应符合下列规定：

①钢筋接头的方式、位置、同一截面受力钢筋的接头百分率、钢筋的搭接长度及锚固长度等应符合设计要求或国家现行有关标准的规定。

②钢筋焊接接头、机械连接接头和套筒灌浆连接接头均应进行工艺检验，试验结果合格后方可进行预制构件生产。

③螺纹接头和半灌浆套筒连接接头应使用专用扭力扳手拧紧至规定扭力值。

④钢筋焊接接头和机械连接接头应全数检查外观质量。

⑤焊接接头、钢筋机械连接接头、钢筋套筒灌浆连接接头力学性能应符合现行行业标准

《钢筋焊接及验收规程》（JGJ 18—2012）、《钢筋机械连接技术规程》（JGJ 107—2016）和《钢筋套筒灌浆连接应用技术规程》（JGJ 355—2015）的有关规定。

钢筋连接质量好坏关系结构安全，本条提出了钢筋连接必须进行工艺检验的要求，在施工过程中重点检查。尤其是钢筋螺纹接头以及半灌浆套筒连接接头机械连接端安装时，可根据安装需要采用管钳、扭力扳手等工具，安装后应使用专用扭力扳手校核拧紧力矩，安装用扭力扳手和校核用扭力扳手应区分使用，二者的精度、校准要求均有所不同。

（3）钢筋半成品、钢筋网片、钢筋骨架和钢筋桁架应检查合格后方可进行安装，并应符合下列规定：

①钢筋表面不得有油污，不应严重锈蚀。

②钢筋网片和钢筋骨架宜采用专用吊架进行吊运。

③混凝土保护层厚度应满足设计要求。保护层垫块宜与钢筋骨架或网片绑扎牢固，按梅花状布置，间距满足钢筋限位及控制变形要求，钢筋绑扎丝甩扣应弯向构件内侧。

④钢筋成品的尺寸偏差应符合表4-4的规定，钢筋桁架的尺寸偏差应符合表4-5的规定。

表4-4　钢筋成品的允许偏差和检验方法

项目		允许偏差/mm	检验方法
钢筋网片	长、宽	±5	钢尺检查
	网眼尺寸	±10	钢尺量连续3挡，取最大值
	对角线	5	钢尺检查
	端头不齐	5	钢尺检查
钢筋骨架	长	0，−5	钢尺检查
	宽	±5	钢尺检查
	高（厚）	±5	钢尺检查
	主筋间距	±10	钢尺量两端、中间各一点，取最大值
	主筋排距	±5	钢尺量两端、中间各一点，取最大值
	箍筋间距	±10	钢尺量连续3挡，取最大值
	弯起点位置	15	钢尺检查
	端头不齐	5	钢尺检查
	保护层　柱、梁	±5	钢尺检查
	保护层　板、墙	±3	钢尺检查

表4-5　钢筋桁架尺寸允许偏差

项次	检验项目	允许偏差/mm
1	长度	总长度的±0.3%，且不超过±10
2	高度	+1，−3
3	宽度	±5
4	扭翘	≤5

本条规定了钢筋半成品、钢筋网片、钢筋骨架安装的尺寸偏差和检测方法。安装后还应及时检查钢筋的品种、级别、规格、数量。

当钢筋网片或钢筋骨架中钢筋作为连接钢筋时，如与灌浆套筒连接，该部分钢筋定位应协调考虑连接的精度要求。

（4）预埋件用钢材及焊条的性能应符合设计要求。预埋件加工偏差应符合表4-6的规定。

表4-6 预埋件加工允许偏差

项次	检验项目		允许偏差/mm	检验方法
1	预埋件锚板的边长		0，−5	用钢尺量测
2	预埋件锚板的平整度		1	用直尺和塞尺量测
3	锚筋	长度	10，−5	用钢尺量测
		间距偏差	±10	用钢尺量测

五、预应力构件

（1）预制预应力构件生产应编制专项方案，并应符合现行国家标准《混凝土结构工程施工规范》（GB 50666—2011）的有关规定。

预制预应力构件施工方案宜包括：生产顺序和工艺流程、生产质量要求，资源配备和质量保证措施以及生产安全要求和保证措施等。

（2）预应力张拉台座应进行专项施工设计，并应具有足够的承载力、刚度及整体稳固性，应能满足各阶段施工荷载和施工工艺的要求。

先张法预应力构件张拉台座受力巨大，为保证安全施工应由设计或有经验单位、部门进行专门设计计算。

（3）预应力筋下料应符合下列规定：

①预应力筋的下料长度应根据台座的长度、锚夹具长度等经过计算确定。

②预应力筋应使用砂轮锯或切断机等机械方法切断，不得采用电弧或气焊切断。

由于预应力筋过度受热会降低力学性能，因此规定了其切断方式。

（4）钢丝镦头及下料长度偏差应符合下列规定：

①镦头的头型直径不宜小于钢丝直径的1.5倍，高度不宜小于钢丝直径。

②镦头不应出现横向裂纹。

③当钢丝束两端均采用镦头锚具时，同一束中各根钢丝长度的极差不应大于钢丝长度的1/5 000，且不应大于5 mm；当成组张拉长度不大于10 m的钢丝时，同组钢丝长度的极差不得大于2 mm。

钢丝束采用镦头锚具时，锚具的效率系数主要取决于镦头的强度，而镦头强度与采用的工艺及钢丝的直径有关。冷镦时由于冷作硬化，镦头的强度提高，但脆性增加，且容易出现裂纹，影响强度发挥，因此需事先确认钢丝的可镦性，以确保镦头质量。另外，钢丝下料长度的控制主要是为保证钢丝的两端均采用镦头锚具时钢丝的受力均匀性。

（5）预应力筋的安装、定位和保护层厚度应符合设计要求。模外张拉工艺的预应力筋保护层厚度可用梳筋条槽口深度或端头垫板厚度控制。

（6）预应力筋张拉设备及压力表应定期维护和标定，并应符合下列规定：

①张拉设备和压力表应配套标定和使用，标定期限不应超过半年；当使用过程中出现反常现象或张拉设备检修后，应重新标定。

②压力表的量程应大于张拉工作压力读值，压力表的精确度等级不应低于1.6级。

③标定张拉设备用的试验机或测力计的测力示值不确定度不应大于1.0%。

④张拉设备标定时，千斤顶活塞的运行方向应与实际张拉工作状态一致。

（7）预应力筋的张拉控制应力应符合设计及专项方案的要求。当需要超张拉时，调整后的张拉控制应力 σ_{con} 应符合下列规定：

①消除应力钢丝、钢绞线 $\sigma_{con} \leqslant 0.80 f_{ptk}$。

②中强度预应力钢丝 $\sigma_{con} \leqslant 0.75 f_{ptk}$。

③预应力螺纹钢筋 $\sigma_{con} \leqslant 0.90 f_{pyk}$。

式中，σ_{con}——预应力筋张拉控制应力；

f_{ptk}——预应力筋极限强度标准值；

f_{pyk}——预应力螺纹钢筋屈服强度标准值。

（8）采用应力控制方法张拉时，应校核最大张拉力下预应力筋伸长值。实测伸长值与计算伸长值的偏差应控制在±6%之内，否则应查明原因并采取措施后再张拉。

张拉预应力筋的目的是建立设计希望的预应力，而伸长值校核是为了判断张拉质量是否达到设计规定的要求。如果各项参数都与设计相符，一般情况下张拉力值的偏差在±5%范围内是合理的，考虑到实际工程的测量精度及预应力筋材料参数的偏差等因素，适当放松了对伸长值偏差的限值，将其最大偏差放宽到±6%。

（9）预应力筋的张拉应符合设计要求，并应符合下列规定：

①应根据预制构件受力特点、施工方便及操作安全等因素确定张拉顺序。

②宜采用多根预应力筋整体张拉；单根张拉时应采取对称和分级方式，按照校准的张拉力控制张拉精度，以预应力筋的伸长值作为校核。

③对预制屋架等平卧叠浇构件，应从上而下逐榀张拉。

④预应力筋张拉时，应从零拉力加载至初拉力后，量测伸长值初读数，再以均匀速率加载至张拉控制力。

⑤张拉过程中应避免预应力筋断裂或滑脱。

⑥预应力筋张拉锚固后，应对实际建立的预应力值与设计给定值的偏差进行控制。应以每工作班为一批，抽查预应力筋总数的1%，且不少于3根。

预应力筋的张拉顺序应使混凝土不产生超应力、构件不扭转与侧弯，因此，对称张拉是一个重要原则，对张拉比较敏感的结构构件，若不能对称张拉，也应尽量做到逐步渐进的施加预应力。

一般情况下，同一束有黏结预应力筋应采取整束张拉，使各根预应力筋建立的应力均匀。只有在能够确保预应力筋张拉没有叠压影响时，才允许采用逐根张拉工艺。

预应力工程的重要目的是通过配置的预应力筋建立设计希望的准确的预应力值。然而，张拉阶段出现预应力筋的断裂，可能意味着其材料、加工制作、安装及张拉等一系列环节中出现了问题。同时，由于预应力筋断裂或滑脱对结构构件的受力性能影响极大，因此，规定应严格限制其断裂或滑脱的数量。先张法预应力构件中的预应力筋不允许出现断裂或滑脱，若在浇筑混凝土前出现断裂或滑脱，相应的预应力筋应予以更换。本条控制的不仅是张拉质量，同时也是对材料、制作、安装等工序的质量要求。

（10）预应力筋放张应符合设计要求，并应符合下列规定：

①预应力筋放张时，混凝土强度应符合设计要求，且同条件养护的混凝土立方体抗压强度不应低于设计混凝土强度等级值的 75%；采用消除应力钢丝或钢绞线作为预应力筋的先张法构件，尚不应低于 30 MPa。

②放张前，应将限制构件变形的模具拆除。

③宜采取缓慢放张工艺进行整体放张。

④对受弯或偏心受压的预应力构件，应先同时放张预压应力较小区域的预应力筋，再同时放张预压应力较大区域的预应力筋。

⑤单根放张时，应分阶段、对称且相互交错放张。

⑥放张后，预应力筋的切断顺序，宜从放张端开始逐次切向另一端。

先张法构件的预应力是靠黏结力传递的，过低的混凝土强度相应的黏结强度也较低，造成预应力传递长度增加，因此本条规定了放张时的混凝土最低强度值。

六、成型、养护及脱模

（1）浇筑混凝土前应进行钢筋、预应力的隐蔽工程检查。隐蔽工程检查项目应包括：

①钢筋的牌号、规格、数量、位置和间距。

②纵向受力钢筋的连接方式、接头位置、接头质量、接头面积百分率、搭接长度、锚固方式及锚固长度。

③箍筋弯钩的弯折角度及平直段长度。

④钢筋的混凝土保护层厚度。

⑤预埋件、吊环、插筋、灌浆套筒、预留孔洞、金属波纹管的规格、数量、位置及固定措施。

⑥预埋线盒和管线的规格、数量、位置及固定措施。

⑦夹芯外墙板的保温层位置和厚度，拉结件的规格、数量和位置。

⑧预应力筋及其锚具、连接器和锚垫板的品种、规格、数量、位置。

⑨预留孔道的规格、数量、位置，灌浆孔、排气孔、锚固区局部加强构造。

本条规定了混凝土浇筑前应进行的隐检内容，是保证预制构件满足结构性能的关键质量控制环节，应严格执行。

（2）混凝土工作性能指标应根据预制构件产品特点和生产工艺确定，混凝土配合比设计应符合国家现行标准《普通混凝土配合比设计规程》(JGJ 55—2011)和《混凝土结构工程施工规范》(GB 50666—2011)的有关规定。

（3）混凝土应采用有自动计量装置的强制式搅拌机搅拌，并具有生产数据逐盘记录和实时查询功能。混凝土应按照混凝土配合比通知单进行生产，原材料每盘称量的允许偏差应符合表 4-7 的规定。

表 4-7　混凝土原材料每盘称量的允许偏差

项次	材料名称	允许偏差
1	胶凝材料	±2%
2	粗、细骨料	±3%
3	水、外加剂	±1%

（4）混凝土应进行抗压强度检验，并应符合下列规定：

①混凝土检验试件应在浇筑地点取样制作。

②每拌制 100 盘且不超过 100 m³ 的同一配合比混凝土，每工作班拌制的同一配合比的混凝土不足 100 盘为一批。

③每批制作强度检验试块不少于 3 组、随机抽取 1 组进行同条件转标准养护后进行强度检验，其余可作为同条件试件在预制构件脱模和出厂时控制其混凝土强度；还可根据预制构件吊装、张拉和放张等要求，留置足够数量的同条件混凝土试块进行强度检验。

④蒸汽养护的预制构件，其强度评定混凝土试块应随同构件蒸养后，再转入标准条件下养护。构件脱模起吊、预应力张拉或放张的混凝土同条件试块，其养护条件应与构件生产中采用的养护条件相同。

⑤除设计有要求外，预制构件出厂时的混凝土强度不宜低于设计混凝土强度等级值的 75%。

（5）带面砖或石材饰面的预制构件宜采用反打一次成型工艺制作，并应符合下列规定：

①应根据设计要求选择面砖的大小、图案、颜色，背面应设置燕尾槽或确保连接性能可靠的构造。

②面砖入模铺设前，宜根据设计排板图将单块面砖制成面砖套件，套件的长度不宜大于600 mm，宽度不宜大于 300 mm。

③石材入模铺设前，宜根据设计排板图的要求进行配板和加工，并应提前在石材背面安装不锈钢锚固拉钩和涂刷防泛碱处理剂。

④应使用柔韧性好、收缩小、具有抗裂性能且不污染饰面的材料嵌填面砖或石材间的接缝，并应采取防止面砖或石材在安装钢筋及浇筑混凝土等工序中出现位移的措施。

本条规定了预制外墙类构件表面预贴面砖或石材的技术要求，除了要满足安全耐久性，还需保证装饰效果。对于饰面材料分隔缝的处理，砖缝可采用发泡塑料条成型，石材可采用弹性材料填充。

（6）带保温材料的预制构件宜采用水平浇筑方式成型。夹芯保温墙板成型尚应符合下列规定：

①拉结件的数量和位置应满足设计要求。

②应采取可靠措施保证拉结件位置、保护层厚度，保证拉结件在混凝土中可靠锚固。

③应保证保温材料间拼缝严密或使用黏结材料密封处理。

④在上层混凝土浇筑完成之前，下层混凝土不得初凝。

夹芯保温墙板内外叶墙体拉结件的品种、数量、位置对于保证外叶墙结构安全、避免墙体开裂极为重要，其安装必须符合设计要求和产品技术手册。控制内外页墙体混凝土浇筑间隔是为了保证拉结件与混凝土的连接质量。

（7）混凝土浇筑应符合下列规定：

①混凝土浇筑前，预埋件及预留钢筋的外露部分宜采取防止污染的措施。

②混凝土倾落高度不宜大于 600 mm，并应均匀摊铺。

③混凝土浇筑应连续进行。

④混凝土从出机到浇筑完毕的延续时间，气温高于 25℃时不宜超过 60 min，气温不高于 25℃时不宜超过 90 min。

（8）混凝土振捣应符合下列规定：

①混凝土宜采用机械振捣方式成型。振捣设备应根据混凝土的品种、工作性、预制构件的规格和形状等因素确定，应制定振捣成型操作规程。

②当采用振捣棒时，混凝土振捣过程中不应碰触钢筋骨架、面砖和预埋件。

③混凝土振捣过程中应随时检查模具有无漏浆、变形或预埋件有无移位等现象。

（9）预制构件粗糙面成型应符合下列规定：

①可采用模板面预涂缓凝剂工艺，脱模后采用高压水冲洗露出骨料。

②叠合面粗糙面可在混凝土初凝前进行拉毛处理。

（10）预制构件养护应符合下列规定：

①应根据预制构件特点和生产任务量选择自然养护、自然养护加养护剂或加热养护方式。

②混凝土浇筑完毕或压面工序完成后应及时覆盖保湿，脱模前不得揭开。

③涂刷养护剂应在混凝土终凝后进行。

④加热养护可选择蒸汽加热、电加热或模具加热等方式。

⑤加热养护制度应通过试验确定，宜采用加热养护温度自动控制装置。宜在常温下预养护 2～6 h，升温和降温速度不宜超过 20 ℃/h，最高养护温度不宜超过 70 ℃。预制构件脱模时的表面温度与环境温度的差值不宜超过 25 ℃。

⑥夹芯保温外墙板最高养护温度不宜大于 60 ℃。

条件允许的情况下，预制构件优先推荐自然养护。采用加热养护时，按照合理的养护制度进行温控可避免预制构件出现温差裂缝。

对于夹芯外墙板的养护，控制养护温度不大于 60 ℃是因为有机保温材料在较高温度下会产生热变形，影响产品质量。

（11）预制构件脱模起吊时的混凝土强度应计算确定，且不宜小于 15 MPa。

平模工艺生产的大型墙板、挂板类预制构件宜采用翻板机翻转直立后再进行起吊。对于设有门洞、窗洞等较大洞口的墙板，脱膜起吊时应进行加固，防止扭曲变形造成的开裂。

七、预制构件检验

（1）预制构件生产时应采取措施避免出现外观质量缺陷。外观质量缺陷根据其影响结构性能、安装和使用功能的严重程度，可按表4-8规定划分为严重缺陷和一般缺陷。

表4-8 构件外观质量缺陷分类

名称	现象	严重缺陷	一般缺陷
露筋	构件内钢筋未被混凝土包裹而外露	纵向受力钢筋有露筋	其他钢筋有少量露筋
蜂窝	混凝土表面缺少水泥浆而形成石子外露	构件主要受力部位有蜂窝	其他部位有少量蜂窝
孔洞	混凝土中孔穴深度和长度均超过保护层厚度	构件主要受力部位有孔洞	其他部位有少量孔洞
夹渣	混凝土中夹有杂物且深度超过保护层厚度	构件主要受力部位有夹渣	其他部位有少量夹渣
疏松	混凝土中局部不密实	构件主要受力部位有疏松	其他部位有少量疏松
裂缝	缝隙从混凝土表面延伸至混凝土内部	构件主要受力部位有影响结构性能或使用功能的裂缝	其他部位有少量不影响结构性能或使用功能的裂缝
连接部位缺陷	构件连接处混凝土缺陷及连接钢筋、连结件松动，插筋严重锈蚀、弯曲，灌浆套筒堵塞、偏位。灌浆孔洞堵塞、偏位、破损等缺陷	连接部位有影响结构传力性能的缺陷	连接部位有基本不影响结构传力性能的缺陷
外形缺陷	缺棱掉角、棱角不直、翘曲不平、飞出凸肋等。装饰面砖黏结不牢、表面不平、砖缝不顺直等	清水或具有装饰的混凝土构件内有影响使用功能或装饰效果的外形缺陷	其他混凝土构件有不影响使用功能的外形缺陷
外表缺陷	构件表面麻面、掉皮、起砂、沾污等	具有重要装饰效果的清水混凝土构件有外表缺陷	其他混凝土构件有不影响使用功能的外表缺陷

（2）预制构件出模后应及时对其外观质量进行全数目测检查。预制构件外观质量不应有缺陷，对已经出现的严重缺陷应制定技术处理方案进行处理并重新检验，对出现的一般缺陷应进行修整并达到合格。

（3）预制构件不应有影响结构性能、安装和使用功能的尺寸偏差。对超过尺寸允许偏差且影响结构性能和安装、使用功能的部位应经原设计单位认可，制定技术处理方案进行处理，并重新检查验收。

（4）预制构件尺寸偏差及预留孔、预留洞、预埋件、预留插筋、键槽的位置和检验方法应符合表4-9至表4-12的规定。预制构件有粗糙面时，与预制构件粗糙面相关的尺寸允许偏差可放宽1.5倍。

表 4-9 预制楼板类构件外形尺寸允许偏差及检验方法

项次	检验项目			允许偏差/mm	检验方法
1	规格、尺寸	长度	<12 m	±5	用尺量两端及中间部，取其中偏差绝对值较大值
			≥12 m 且 <18 m	±10	
			≥18 m	±20	
2		宽度		±5	用尺量两端及中间部，取其中偏差绝对值较大值
3		厚度		±5	用尺量板四角和四边中部位置共8处，取其中偏差绝对值较大值
4		对角线差		6	在构件表面，用尺量测两对角线的长度，取其绝对值的差值
5	外形	表面平整度	内表面	4	用2 m靠尺安放在构件表面上，用楔形塞尺量测靠尺与表面之间的最大缝隙
			外表面	3	
6		楼板侧向弯曲		L/750 且≤20 mm	拉线，钢尺量最大弯曲处
7		扭翘		L/750	4个对角拉两条线，量测两线交点之间的距离，其值的2倍为扭翘值
8	预埋部件	预埋钢板	中心线位置偏差	5	用尺量测纵横两个方向的中心线位置，取其中较大值
			平面高差	0，−5	用尺紧靠在预埋件上，用楔形塞尺量测预埋件平面与混凝土面的最大缝隙
9		预埋螺栓	中心线位置偏移	2	用尺量测纵横两个方向的中心线位置，取其中较大值
			外露长度	+10，−5	用尺量
10		预埋线盒、电盒	在构件平面的水平方向中心位置偏差	10	用尺量
			与构件表面混凝土高差	0，−5	用尺量
11	预留孔	中心线位置偏移		5	用尺量测纵横两个方向的中心线位置，取其中较大值
		孔尺寸		±5	用尺量测纵横两个方向尺寸，取其最大值
12	预留洞	中心线位置偏移		5	用尺量测纵横两个方向的中心线位置，取其中较大值
		洞口尺寸、深度		±5	用尺量测纵横两个方向尺寸，取其最大值
13	预留插筋	中心线位置偏移		3	用尺量测纵横两个方向的中心线位置，取其中较大值
		外露长度		±5	用尺量
14	吊环、木砖	中心线位置偏移		10	用尺量测纵横两个方向的中心线位置，取其中较大值
		留出高度		0，−10	用尺量
15	桁架钢筋高度			+5，0	用尺量

表 4-10　预制墙板类构件外形尺寸允许偏差及检验方法

项次	检查项目			允许偏差/mm	检验方法
1	规格、尺寸	高度		±4	用尺量两端及中间部，取其中偏差绝对值较大值
2		宽度		±4	用尺量两端及中间部，取其中偏差绝对值较大值
3		厚度		±3	用尺量板四角和四边中部位置共8处，取其中偏差绝对值较大值
4		对角线差		5	在构件表面，用尺量测两对角线的长度，取其绝对值的差值
5	外形	表面平整度	内表面	4	用2 m靠尺安放在构件表面上，用楔形塞尺量测靠尺与表面之间的最大缝隙
			外表面	3	
6		侧向弯曲		L/1 000 且≤20 mm	拉线，钢尺量最大弯曲处
7		扭翘		L/1 000	4个对角拉两条线，量测两线交点之间的距离。其值的2倍为扭翘值
8	预埋部件	预埋钢板	中心线位置偏移	5	用尺量测纵横两个方向的中心线位置，取其中较大值
			平面高差	0，−5	用尺紧靠在预埋件上，用楔形塞尺量测预埋件平面与混凝土面的最大缝隙
9		预埋螺栓	中心线位置偏移	2	用尺量测纵横两个方向的中心线位置，取其中较大值
			外露长度	+10，−5	用尺量
10		预埋套筒、螺母	中心线位置偏移	2	用尺量测纵横两个方向的中心线位置，取其中较大值
			平面高差	0，−5	用尺紧靠在预埋件上，用楔形塞尺量测埋件平面与混凝土面的最大缝隙
11	预留孔	中心线位置偏移		5	用尺量测纵横两个方向的中心线位置，取其中较大值
		孔尺寸		±5	用尺量测纵横两个方向尺寸，取其最大值
12	预留洞	中心线位置偏移		5	用尺量测纵横两个方向的中心线位置，取其中较大值
		洞口尺寸、深度		±5	用尺量测纵横两个方向尺寸，取其最大值
13	预留插筋	中心线位置偏移		3	用尺量测纵横两个方向的中心线位置，取其中较大值
		外露长度		±5	用尺量
14	吊环、木砖	中心线位置偏移		10	用尺量测纵横两个方向的中心线位置，取其中较大值
		与构件表面混凝土高差		0，−10	用尺量
15	键槽	中心线位置偏移		5	用尺量测纵横两个方向的中心线位置，取其中较大值
		长度、宽度		±5	用尺量
		深度		±5	用尺量
16	灌浆套筒及连接钢筋	灌浆套筒中心线位置		2	用尺量测纵横两个方向的中心线位置，取其中较大值
		连接钢筋中心线位置		2	用尺量测纵横两个方向的中心线位置，取其中较大值
		连接钢筋外露长度		±10，0	用尺量

表 4-11 预制梁柱桁架类构件外形尺寸允许偏差及检验方法

项次	检验项目			允许偏差/mm	检验方法
1	规格、尺寸	长度	<12 m	±5	用尺量两端及中间部，取其中偏差绝对值较大值
			≥12 m 且<18 m	±10	
			≥18 m	±20	
2		宽度		±5	用尺量两端及中间部，取其中偏差绝对值较大值
3		高度		±5	用尺量板四角和四边中部位置共8处，取其中偏差绝对值较大值
4	表面平整度			4	用2 m靠尺安放在构件表面上，用楔形塞尺量测靠尺与表面之间的最大缝隙
5	侧向弯曲	梁柱		$L/750$ 且≤20 mm	拉线，钢尺最大弯曲处
		桁架		$L/1\,000$ 且≤20 mm	
6	预埋部件	预埋钢板	中心线位置偏移	5	用尺量测纵横两个方向的中心线位置，取其中较大值
			平面高差	0，−5	用尺紧靠在预埋件上，用楔形塞尺量测预埋件平面与混凝土面的最大缝隙
7		预埋螺栓	中心线位置偏移	2	用尺量测纵横两个方向的中心线位置，取其中较大值
			外露长度	+10，−5	用尺量
8	预留孔	中心线位置偏移		5	用尺量测纵横两个方向的中心线位置，取其中较大值
		孔尺寸		±5	用尺量测纵横两个方向尺寸，取其最大值
9	预留洞	中心线位置偏移		5	用尺量测纵横两个方向的中心线位置，取其中较大值
		洞口尺寸、深度		±5	用尺量测纵横两个方向尺寸，取其最大值
10	预留插筋	中心线位置偏移		3	用尺量测纵横两个方向的中心线位置，取其中较大值
		外露长度		±5	用尺量
11	吊环	中心线位置偏移		10	用尺量测纵横两个方向的中心线位置，取其中较大值
		留出高度		0，−10	用尺量
12	键槽	中心线位置偏移		5	用尺量测纵横两个方向的中心线位置，取其中较大值
		长度、宽度		±5	用尺量
		深度		±5	用尺量
13	灌浆套筒及连接钢筋	灌浆套筒中心线位置		2	用尺量测纵横两个方向的中心线位置，取其中较大值
		连接钢筋中心线位置		2	用尺量测纵横两个方向的中心线位置，取其中较大值
		连接钢筋外露长度		±10，0	用尺量

表 4-12　装饰构件外观尺寸允许偏差及检验方法

项次	装饰种类	检查项目	允许偏差/mm	检验方法
1	通用	表面平整度	2	2 m 靠尺或塞尺检查
2	面砖、石材	阳角方正	2	用托线板检查
3		上口平直	2	拉通线用钢尺检查
4		接缝平直	3	用钢尺或塞尺检查
5		接缝深度	±5	用钢尺或塞尺检查
6		接缝宽度	±2	用钢尺检查

（5）预制构件的预埋件、插筋、预留孔的规格、数量应满足设计要求。

检查数量：全数检验。

检验方法：观察和量测。

（6）预制构件的粗糙面或键槽成型质量应满足设计要求。

检查数量：全数检验。

检验方法：观察和量测。

（7）面砖与混凝土的粘结强度应符合现行行业标准《建筑工程饰面砖粘结强度检验标准》（JGJ 110—2017）和《外墙饰面砖工程施工及验收规程》（JGJ 126—2015）的有关规定。

检查数量：按同一工程、同一工艺的预制构件分批抽样检验。

检验方法：检查试验报告单。

（8）预制构件采用钢筋套筒灌浆连接时，在构件生产前应检查套筒型式检验报告是否合格，应进行钢筋套筒灌浆连接接头的抗拉强度试验，并应符合现行行业标准《钢筋套筒灌浆连接应用技术规程》（JGJ 355—2015）的有关规定。

检查数量：按同一工程、同一工艺的预制构件分批抽样检验。同一批号、同一类型、同一规格的灌浆套筒，不超过 1 000 个为一批，每批随机抽取 3 个灌浆套筒制作对中连接接头试件。

检验方法：检查试验报告单、质量证明文件。

（9）夹芯外墙板的内外叶墙板之间的拉结件类别、数量、使用位置及性能应符合设计要求。

检查数量：按同一工程、同一工艺的预制构件分批抽样检验。

检验方法：检查试验报告单、质量证明文件及隐蔽工程检查记录。

（10）夹芯保温外墙板用的保温材料类别、厚度、位置及性能应满足设计要求。

检查数量：按批检查。

检验方法：观察、量测，检查保温材料质量证明文件及检验报告。

（11）混凝土强度应符合设计文件及国家现行有关标准的规定。

检查数量：按构件生产批次在混凝土浇筑地点随机抽取标准养护试件，取样频率应符合本标准规定。

检验方法：应符合现行国家标准《混凝土强度检验评定标准》（GB/T 50107—2010）的有关规定。

八、存放、吊运及防护

（1）预制构件吊运应符合下列规定：

①应根据预制构件的形状、尺寸、重量和作业半径等要求选择吊具和起重设备，所采用的吊具和起重设备及其操作，应符合国家现行有关标准及产品应用技术手册的规定。

②吊点数量、位置应经计算确定，应保证吊具连接可靠，应采取保证起重设备的主钩位置、吊具及构件重心在竖直方向上重合的措施。

③吊索水平夹角不宜小于 60°，不应小于 45°。

④应采用慢起、稳升、缓放的操作方式，吊运过程，应保持稳定，不得偏斜、摇摆和扭转，严禁吊装构件长时间悬停在空中。

⑤吊装大型构件、薄壁构件或形状复杂的构件时，应使用分配梁或分配桁架类吊具，并应采取避免构件变形和损伤的临时加固措施。

（2）预制构件存放应符合下列规定：

①存放场地应平整、坚实，并应有排水措施。

②存放库区宜实行分区管理和信息化台账管理。

③应按照产品品种、规格型号、检验状态分类存放，产品标识应明确、耐久，预埋吊件应朝上，标识应向外。

④应合理设置垫块支点位置，确保预制构件存放稳定，支点宜与起吊点位置一致。

⑤与清水混凝土面接触的垫块应采取防污染措施。

⑥预制构件多层叠放时，每层构件间的垫块应上下对齐；预制楼板、叠合板、阳台板和空调板等构件宜平放，叠放层数不宜超过 6 层；长期存放时，应采取措施控制预应力构件起拱值和叠合板翘曲变形。

⑦预制柱、梁等细长构件宜平放且用两条垫木支撑。

⑧预制内外墙板、挂板宜采用专用支架直立存放，支架应有足够的强度和刚度，薄弱构件、构件薄弱部位和门窗洞口应采取防止变形开裂的临时加固措施。

（3）预制构件成品保护应符合下列规定：

①预制构件成品外露保温板应采取防止开裂措施，外露钢筋应采取防弯折措施，外露预埋件和连结件等外露金属件应按不同环境类别进行防护或防腐、防锈。

②宜采取保证吊装前预埋螺栓孔清洁的措施。

③钢筋连接套筒、预埋孔洞应采取防止堵塞的临时封堵措施。

④露骨料粗糙面冲洗完成后应对灌浆套筒的灌浆孔和出浆孔进行透光检查，并清理灌浆套筒内的杂物。

⑤冬期生产和存放的预制构件的非贯穿孔洞应采取措施防止雨雪水进入发生冻胀损坏。

（4）预制构件在运输过程中应做好安全和成品防护，并应符合下列规定：

1）应根据预制构件种类采取可靠的固定措施。

2）对于超高、超宽、形状特殊的大型预制构件的运输和存放应制定专门的质量安全保证措施。

3）运输时宜采取如下防护措施：

①设置柔性垫片避免预制构件边角部位或链索接触处的混凝土损伤。

②用塑料薄膜包裹垫块避免预制构件外观污染。

③墙板门窗框、装饰表面和棱角采用塑料贴膜或其他措施防护。

④竖向薄壁构件设置临时防护支架。

⑤装箱运输时，箱内四周采用木材或柔性垫片填实，支撑牢固。

4）应根据构件特点采用不同的运输方式，托架、靠放架、插放架应进行专门设计，进行强度、稳定性和刚度验算：

①外墙板宜采用立式运输，外饰面层应朝外，梁、板、楼梯、阳台宜采用水平运输。

②采用靠放架立式运输时，构件与地面倾斜角度宜大于80°，构件应对称靠放，每侧不大于2层，构件层间上部采用木垫块隔离。

③采用插放架直立运输时，应采取防止构件倾倒措施，构件之间应设置隔离垫块。

④水平运输时，预制梁、柱构件叠放不宜超过3层，板类构件叠放不宜超过6层。

九、资料及交付

（1）预制构件的资料应与产品生产同步形成、收集和整理，归档资料宜包括以下内容：

①预制混凝土构件加工合同。

②预制混凝土构件加工图纸、设计文件、设计洽商、变更或交底文件。

③生产方案和质量计划等文件。

④原材料质量证明文件、复试试验记录和试验报告。

⑤混凝土试配资料。

⑥混凝土配合比通知单。

⑦混凝土开盘鉴定。

⑧混凝土强度报告。

⑨钢筋检验资料、钢筋接头的试验报告。

⑩模具检验资料。

⑪预应力施工记录。

⑫混凝土浇筑记录。

⑬混凝土养护记录。

⑭构件检验记录。

⑮构件性能检测报告。

⑯构件出厂合格证。

⑰质量事故分析和处理资料。

⑱其他与预制混凝土构件生产和质量有关的重要文件资料。

（2）预制构件交付的产品质量证明文件应包括以下内容：

①出厂合格证。

②混凝土强度检验报告。

③钢筋套筒等其他构件钢筋连接类型的工艺检验报告。

④合同要求的其他质量证明文件。

十、部品生产

（1）部品原材料应使用节能环保的材料，并应符合现行国家标准《民用建筑工程室内环境污染控制规范（2013 版）》（GB 50325—2010）、《建筑材料放射性核素限量》（GB 6566—2010）和室内建筑装饰材料有害物质限量的相关规定。

（2）部品原材料应有质量合格证明并完成抽样复试，没有复试或者复试不合格的不能使用。

（3）部品生产应成套供应，并满足加工精度的要求。

目前装配式混凝土建筑有多种类型，部品作为标准化、系列化的产品，应考虑与不同主体结构形式连接时的连接方法与配套组件，并成套供应。

（4）部品生产时，应对尺寸偏差和外观质量进行控制。

（5）预制外墙部品生产时，应符合下列规定：

①外门窗的预埋件设置应在工厂完成。

②不同金属的接触面应避免电化学腐蚀。

③预制混凝土外挂墙板生产应符合现行行业标准《装配式混凝土结构技术规程》（JGJ 1—2014）的规定。

④蒸压加气混凝土板的生产应符合现行行业标准《蒸压加气混凝土建筑应用技术规程》（JGJ/T 17—2008）的规定。

（6）现场组装骨架外墙的骨架、基层墙板、填充材料应在工厂完成生产。

（7）建筑幕墙的加工制作应按现行行业标准《玻璃幕墙工程技术规范》（JGJ 102—2003）、《金属与石材幕墙工程技术规范》（JGJ 133—2001）及《人造板材幕墙工程技术规范》（JGJ 336—2016）的规定执行。

（8）合格部品应具有唯一编码和生产信息，并在包装的明显位置标注部品编码、生产单位、生产日期、检验员代码等。

（9）部品包装的尺寸和重量应考虑到现场运输条件，便于搬运与组装；并注明卸货方式和明细清单。

（10）应制定部品的成品保护、堆放和运输专项方案，其内容应包括运输时间、次序、堆放场地、运输路线、固定要求、堆放支垫及成品保护措施等。对于超高、超宽、形状特殊的部品的运输和堆放应有专门的质量安全保护措施。

第三节 施工安装

一、一般规定

（1）装配式混凝土建筑应结合设计、生产、装配一体化的原则整体策划，协同建筑、结构、机电、装饰装修等专业要求，制定施工组织设计。

装配式混凝土施工应制定以装配为主的施工组织设计文件，应根据建筑、结构、机电、内装一体化，设计、加工、装配一体化的原则，制定施工组织设计。施工组织设计应体现管理组织方式吻合装配工法的特点，以发挥装配技术优势为原则。

（2）施工单位应根据装配式混凝土建筑工程特点配置组织的机构和人员。施工作业人员应具备岗位需要的基础知识和技能，施工单位应对管理人员、施工作业人员进行质量安全技术交底。

装配式混凝土结构施工具有其固有特性，应设立与装配施工技术相匹配的项目部机构和人员，装配施工对不同岗位的技能和知识要求区别于以往的传统施工方式要求，需要配置满足装配施工要求的专业人员。且在施工前应对相关作业人员进行培训和技术、安全、质量交底，培训和交底对象包括一线管理人员和作业人员、监理人员等。

（3）装配式混凝土建筑施工宜采用工具化、标准化的工装系统。

工装系统是指装配式混凝土建筑吊装、安装过程中所用的工具化、标准化吊具、支撑架体等产品，包括标准化堆放架、模数化通用吊梁、框式吊梁、起吊装置、吊钩吊具、预制墙板斜支撑、叠合板独立支撑、支撑体系、模架体系、外围护体系、系列操作工具等产品。工装系统的定型产品及施工操作均应符合国家现行有关标准及产品应用技术手册的有关规定，在使用前应进行必要的施工验算。

（4）装配式混凝土建筑施工宜采用建筑信息模型技术对施工全过程及关键工艺进行信息化模拟。

施工安装宜采用 BIM 组织施工方案，用 BIM 模型指导和模拟施工，制定合理的施工工序并精确算量，从而提高施工管理水平和施工效率，减少浪费。

（5）装配式混凝土建筑施工前，宜选择有代表性的单元进行预制构件试安装，并应根据试安装结果及时调整施工工艺、完善施工方案。

为避免由于设计或施工缺乏经验造成工程实施障碍或损失，保证装配式混凝土结构施工质量，并不断摸索和积累经验，特提出应通过试生产和试安装进行验证性试验。装配式混凝土结构施工前的试安装，对于没有经验的承包商非常必要，不但可以验证设计和施工方案存在的缺陷，还可以培训人员，调试设备，完善方案。对于没有实践经验的新结构体系，应在施工前进行典型单元的安装试验，验证并完善方案实施的可行性，这对于体系的定型和推广使用十分重要。

（6）装配式混凝土建筑施工中采用的新技术、新工艺、新材料、新设备，应按有关规定进行评审、备案。施工前，应对新的或首次采用的施工工艺进行评价，并应制定专门的施工方案。施工方案经监理单位审核批准后实施。

采用新技术、新工艺、新材料、新设备时，应经过试验和技术鉴定，并应制定可行的技术措施。设计文件中制定使用的新技术、新工艺、新材料时，施工单位应依据设计要求进行施工。施工单位欲使用新技术、新工艺、新材料时，应经监理单位核准，并按相关规定办理。本条的"新的施工工艺"是指以前未在任何工程中应用的施工工艺，"首次采用的施工工艺"是指施工单位以前未实施过的施工工艺。

（7）装配式混凝土建筑施工过程中应采取安全措施，并应符合国家现行有关标准的规定。

装配式混凝土建筑施工中，应建立健全安全管理保障体系和管理制度，对危险性较大分部分项工程应经专家论证通过后进行施工。应结合装配施工特点，针对构件吊装、安装施工安全要求，制定系列安全专项方案。国家现行有关标准包括《建筑施工高处作业安全技术规范》（JGJ 80—2016）、《建筑机械使用安全技术规程》（JGJ 33—2013）、《建筑施工起重吊装工程安全技术规范》（JGJ 276—2012）和《施工现场临时用电安全技术规范》（JGJ 46—2005）等。

二、施工准备

（1）装配式混凝土结构施工应制定专项方案。专项施工方案宜包括工程概况、编制依据、进度计划、施工场地布置、预制构件运输与存放、安装与连接施工、绿色施工、安全管理、质量管理、信息化管理、应急预案等内容。

装配式混凝土结构施工方案应全面系统，且应结合装配式建筑特点和一体化建造的具体要求，本着资源节省、人工减少、质量提高、工期缩短的原则制定装配方案。进度计划应结合协同构件生产计划和运输计划等；预制构件运输方案包括车辆型号及数量、运输路线、发货安排、现场装卸方法等；施工场地布置包括场内循环通道、吊装设备布设、构件码放场地等；安装与连接施工包括测量方法、吊装顺序和方法、构件安装方法、节点施工方法、防水施工方法、后浇混凝土施工方法、全过程的成品保护及修补措施等；安全管理包括吊装安全措施、专项施工安全措施等；质量管理包括构件安装的专项施工质量管理，渗漏、裂缝等质量缺陷防治措施；预制构件安装应结合构件连接装配方法和特点，合理制定施工工序。

（2）预制构件、安装用材料及配件等应符合国家现行有关标准及产品应用技术手册的规定，并应按照国家现行相关标准的规定进行进场验收。

预制构件、安装用材料及配件进场验收应符合本标准第11章、现行国家标准《混凝土结构工程施工质量验收规范》（GB 50204—2015）及产品应用技术手册等的有关规定。确保预制构件、安装用材料及配件进场的产品品质。

（3）施工现场应根据施工平面规划设置运输通道和存放场地，并应符合下列规定：

①现场运输道路和存放场地应坚实平整。并应有排水措施。

②施工现场内道路应按照构件运输车辆的要求合理设置转弯半径及道路坡度。

③预制构件运送到施工现场后，应按规格、品种、使用部位、吊装顺序分别设置存放场地。存放场地应设置在吊装设备的有效起重范围内，且应在堆垛之间设置通道。

④构件的存放架应具有足够的抗倾覆性能。

⑤构件运输和存放对已完成结构、基坑有影响时，应经计算复核。

施工现场应根据装配化建造方式布置施工总平面，宜规划主体装配区、构件堆放区、材料堆放区和运输通道。各个区域宜统筹规划布置，满足高效吊装、安装的要求，通道宜满足构件运输车辆平稳、高效、节能的行驶要求。竖向构件宜采用专用存放架进行存放，专用存放架应根据需要设置安全操作平台。

（4）安装施工前，应进行测量放线、设置构件安装定位标识。测量放线应符合现行国家标准《工程测量规范》（GB 50026—2007）的有关规定。

安装施工前，应制定安装定位标识方案，根据安装连接的精细化要求，控制合理误差。安装定位标识方案应按照一定顺序进行编制，标识点应清晰明确，定位顺序应便于查询标识。

（5）安装施工前，应核对已施工完成结构、基础的外观质量和尺寸偏差，确认混凝土强度和预留预埋符合设计要求，并应核对预制构件的混凝土强度及预制构件和配件的型号、规格、数量等符合设计要求。

安装施工前，应结合深化设计图纸核对已施工完成结构或基础的外观质量、尺寸偏差、混凝土强度和预留预埋等条件是否具备上层构件的安装，并应核对待安装预制构件的混凝土强度及预制构件和配件的型号、规格、数量等是否符合设计要求。

（6）安装施工前，应复核吊装设备的吊装能力。应按现行行业标准《建筑机械使用安全技术规程》（JGJ 33—2012）的有关规定，检查复核吊装设备及吊具处于安全操作状态，并核实现场环境、天气、道路状况等满足吊装施工要求。防护系统应按照施工方案进行搭设、验收，并应符合下列规定：

①工具式外防护架应试组装并全面检查，附着在构件上的防护系统应复核其与吊装系统的协调。

②防护架应经计算确定。

③高处作业人员应正确使用安全防护用品，宜采用工具式操作架进行安装作业。

吊装设备应根据构件吊装需求进行匹配性选型，安装施工前，应再次复核吊装设备的吊装能力、吊器具和吊装环境，满足安全、高效的吊装要求。

防护系统包括三角挂架、SCP 型施工升降平台、液压自爬升防护屏、工具化附着升降架、折叠式升降脚手架等。三角挂架由方钢、槽钢、钢管等焊接而成，通过穿墙螺栓与预制墙板连接实现防护功能。SCP 型施工升降平台由驱动机构、钢结构平台节组成的单级或多级工作平台，标准节组成的导轨架、附墙及安全装置等组成。液压自爬升防护屏通过液压油缸的伸缩，连续顶升防护屏架体实现防护屏架体的整体提升。工具化附着升降架是由横梁、斜杆、导轨、立杆组成的空间桁架体系，折叠式升降脚手架自带驱动升降系统，可自爬升；模块化单元组装便捷可周转；液压爬升，速度快且稳定；具备防坠功能。

三、预制构件安装

（1）预制构件吊装除应符合标准的相关规定外，尚应符合下列规定：

①应根据当天的作业内容进行班前技术安全交底。

②预制构件应按照吊装顺序预先编号，吊装时严格按编号顺序起吊。

③预制构件在吊装过程中，宜设置缆风绳控制构件转动。

（2）预制构件吊装就位后，应及时校准并采取临时固定措施。预制构件就位校核与调整应符合下列规定：

①预制墙板、预制柱等竖向构件安装后，应对安装位置、安装标高、垂直度进行校核与调整。

②叠合构件、预制梁等水平构件安装后应对安装位置、安装标高进行校核与调整。

③水平构件安装后，应对相邻预制构件平整度、高低差、拼缝尺寸进行校核与调整。

④装饰类构件应对装饰面的完整性进行校核与调整。

⑤临时固定措施、临时支撑系统应具有足够的强度、刚度和整体稳固性，应按现行国家标准《混凝土结构工程施工规范》（GB 50666—2011）的有关规定进行验算。

预制构件安装就位后应对安装位置、标高、垂直度进行调整，并应考虑安装偏差的累积影响，安装偏差应严于装配式混凝土结构分项工程验收的施工尺寸偏差。装饰类预制构件安装完成后，应结合相邻构件对装饰面的完整性进行校核和调整，保证整体装饰效果满足设计要求。

（3）预制构件与吊具的分离应在校准定位及临时支撑安装完成后进行。

（4）竖向预制构件安装采用临时支撑时，应符合下列规定：

①预制构件的临时支撑不宜少于2道。

②对预制柱、墙板构件的上部斜支撑，其支撑点距离板底的距离不宜小于构件高度的2/3，且不应小于构件高度的1/2；斜支撑应与构件可靠连接。

③构件安装就位后，可通过临时支撑对构件的位置和垂直度进行微调。

竖向预制构件主要包括预制墙板、预制柱，对于预制墙板，临时斜撑一般安放在其背面，且一般不宜少于2道。当墙板底没有水平约束时，墙板的每道临时支撑包括上部斜撑和下部支撑，下部支撑可做成水平支撑或斜向支撑。对于预制柱，由于其底部纵向钢筋可以起到水平约束的作用，故一般仅设置上部斜撑。柱子的斜撑不应少于2道，且应设置在两个相邻的侧面上，水平投影相互垂直。临时斜撑与预制构件一般做成铰接并通过预埋件进行连接。考虑到临时斜撑主要承受的是水平荷载，为充分发挥其作用，对上部的斜撑，其支撑点距离板底的距离不宜小于板高的2/3，且不应小于板高的1/2。斜支撑与地面或楼面连接应可靠，不得出现连接松动引起竖向预制构件倾覆等。

（5）水平预制构件安装采用临时支撑时，应符合下列规定：

①首层支撑架体的地基应平整坚实，宜采取硬化措施。

②临时支撑的间距及其与墙、柱、梁边的净距应经设计计算确定，竖向连续支撑层数不宜少于2层且上下层支撑宜对准。

③叠合板预制底板下部支架宜选用定型独立钢支柱，竖向支撑间距应经计算确定。

（6）预制柱安装应符合下列规定：

①宜按照角柱、边柱、中柱顺序进行安装，与现浇部分连接的柱宜先行吊装。

②预制柱的就位以轴线和外轮廓线为控制线，对于边柱和角柱，应以外轮廓线控制为准。

③就位前应设置柱底调平装置，控制柱安装标高。

④预制柱安装就位后应在两个方向设置可调节临时固定措施，并应进行垂直度、扭转调整。

⑤采用灌浆套筒连接的预制柱调整就位后，柱脚连接部位宜采用模板封堵。

可通过千斤顶调整预制柱平面位置，通过在柱脚位置的预埋螺栓，使用专门调整工具进行微调，调整垂直度；预制柱完成垂直度调整后，应在柱子四角缝隙处加塞刚性垫片。柱脚连接部位宜采用工具式模板对柱脚四周进行封堵，封堵应确保密闭连接牢固有效，满足压力要求。

（7）预制剪力墙板安装应符合下列规定：

①与现浇部分连接的墙板宜先行吊装，其他宜按照外墙先行吊装的原则进行吊装。

②就位前，应在墙板底部设置调平装置。

③采用灌浆套筒连接、浆锚搭接连接的夹芯保温外墙板应在保温材料部位采用弹性密封材料进行封堵。

④采用灌浆套筒连接、浆锚搭接连接的墙板需要分仓灌浆时，应采用座浆料进行分仓；多层剪力墙采用座浆时均匀铺设座浆料；座浆料强度应满足设计要求。

⑤墙板以轴线和轮廓线为控制线，外墙应以轴线和外轮廓线双控。

⑥安装就位后应设置可调斜撑临时固定，测量预制墙板的水平位置、垂直度、高度等，通过墙底垫片、临时斜支撑进行调整。

⑦预制墙板调整就位后，墙底部连接部位宜采用模板封堵。

⑧叠合墙板安装就位后进行叠合墙板拼缝处附加钢筋安装，附加钢筋应与现浇段钢筋网交叉点全部绑扎牢固。

对于不带夹芯保温的各类外墙板，外侧宜采用工具式模板封堵。

（8）预制梁或叠合梁安装应符合下列规定：

①安装顺序宜遵循先主梁后次梁、先低后高的原则。

②安装前，应测量并修正临时支撑标高，确保与梁底标高一致，并在柱上弹出梁边控制线；安装后根据控制线进行精密调整。

③安装前，应复核柱钢筋与梁钢筋位置、尺寸，对梁钢筋与柱钢筋位置有冲突的，应按经设计单位确认的技术方案调整。

④安装时梁伸入支座的长度与搁置长度应符合设计要求。

⑤安装就位后应对水平度、安装位置、标高进行检查。

⑥叠合梁的临时支撑，应在后浇混凝土强度达到设计要求后方可拆除。

临时支撑可以是工具式支撑，也可以是在预制柱上的牛腿。安装时梁伸入支座的长度应符合设计要求；梁搁置在临时支撑上的长度也应符合设计要求。

（9）叠合板预制底板安装应符合下列规定：

①预制底板吊装完后应对板底接缝高差进行校核；当叠合板板底接缝高差不满足设计要求时，应将构件重新起吊，通过可调托座进行调节。

②预制底板的接缝宽度应满足设计要求。

③临时支撑应在后浇混凝土强度达到设计要求后方可拆除。

预制底板吊至梁、墙上方300～500 mm后，应调整板位置使板锚固筋与梁箍筋错开，根据板边线和板端控制线，准确就位。板就位后调节支撑立杆，确保所有立杆共同均匀受力。

（10）预制楼梯安装应符合下列规定：

①安装前，应检查楼梯构件平面定位及标高，并宜设置调平装置。

②就位后，应及时调整并固定。

预制楼梯的安装方式应结合预制楼梯的设计要求进行确定。

（11）预制阳台板、空调板安装应符合下列规定：

①安装前，应检查支座顶面标高及支撑面的平整度。

②临时支撑应在后浇混凝土强度达到设计要求后方可拆除。

四、预制构件连接

（1）模板工程、钢筋工程、预应力工程、混凝土工程除满足本节规定外，尚应符合国家现行标准《混凝土结构工程施工规范》（GB 50666—2011）、《钢筋套筒灌浆连接应用技术规程》（JGJ 355—2015）等的有关规定。当采用自密实混凝土时，尚应符合现行行业标准《自密实混凝土应用技术规程》（JGJ/T 283—2012）的有关规定。

结合部位或接缝处混凝土施工，由于操作面的限制，不便于混凝土的振捣密实时，宜采用自密实混凝土，并应符合国家现行有关标准的规定。

（2）采用钢筋套筒灌浆连接、钢筋浆锚搭接连接的预制构件施工，应符合下列规定：

①现浇混凝土中伸出的钢筋应采用专用模具进行定位，并应采用可靠的固定措施控制连接钢筋的中心位置及外露长度满足设计要求。

②构件安装前应检查预制构件上套筒、预留孔的规格、位置、数量和深度；当套筒、预留孔内有杂物时，应清理干净。

③应检查被连接钢筋的规格、数量、位置和长度。当连接钢筋倾斜时，应进行校直；连接钢筋偏离套筒或孔洞中心线不宜超过3 mm。连接钢筋中心位置存在严重偏差影响预制构件安装时，应会同设计单位制定专项处理方案，严禁随意切割、强行调整定位钢筋。

本条用于伸入预制构件内灌浆套筒、浆锚预留孔中的预留钢筋的精准控制和预制构件的安全、高效连接。宜采用与预留钢筋匹配的专用模具进行精准定位，起到安装前预留钢筋位置的预检和控制，提高安装效率，也可通过设计诱导钢筋进行预制构件的快速对位和安装。

（3）钢筋套筒灌浆连接接头应按检验批划分要求及时灌浆，灌浆作业应符合现行行业标准《钢筋套筒灌浆连接应用技术规程》（JGJ 355—2015）的有关规定。

钢筋套筒灌浆作业应符合现行行业标准《钢筋套筒灌浆连接应用技术规程》（JGJ 355—2015）及施工方案的要求。

灌浆作业是装配整体式结构工程施工质量控制的关键环节之一。对作业人员应进行培训考核，并持证上岗，同时要求有专职检验人员在灌浆操作全过程监督。套筒灌浆连接接头的质量保证措施：

①采用经验证的钢筋套筒和灌浆料配套产品。

②施工人员是经培训合格的专业人员，严格按技术操作要求执行。

③操作施工时，应做好灌浆作业的视频资料，质量检验人员进行全程施工质量检查，能提供可追溯的全过程灌浆质量检查记录。

④检验批验收时，如对套筒灌浆连接接头质量有疑问，可委托第三方独立检测机构进行非破损检测。

当施工环境温度低于5℃时，可采取加热保温措施，使结构构件灌浆套筒内的温度达到产品使用说明书要求；有可靠经验时也可采用低温灌浆料。

（4）钢筋机械连接的施工应符合现行行业标准《钢筋机械连接技术规程》（JGJ 107—2016）的有关规定。

钢筋采用冷挤压套筒连接时，其施工同样应符合现行行业标准《钢筋机械连接技术规程》（JGJ 107—2016）的有关规定。

（5）焊接或螺栓连接的施工应符合国家现行标准《钢结构焊接规范》（GB 50661—2011）、《钢结构工程施工规范》（GB 50755—2012）、《钢筋焊接及验收规程》（JGJ 18—2012）的有关规定。采用焊接连接时，应采取避免伤损已施工完成的结构、预制构件及配件的措施。

（6）预应力工程施工应符合国家现行标准《混凝土结构工程施工规范》（GB 50666—2011）、《预应力混凝土结构设计规范》（JGJ 369—2016）和《无粘结预应力混凝土结构技术规程》（JGJ 92—2016）的有关规定。

后张预应力筋连接也是一种预制构件连接形式，其张拉、放张、封锚等均与预应力混凝土结构施工基本相同，应按国家现行有关标准的规定执行。

（7）装配式混凝土结构后浇混凝土部分的模板与支架应符合下列规定：

①装配式混凝土结构宜采用工具式支架和定型模板。

②模板应保证后浇混凝土部分形状、尺寸和位置准确。

③模板与预制构件接缝处应采取防止漏浆的措施，可粘贴密封条。

工具式模板与支架宜具有标准化、模块化、可周转、易于组合、便于安装、通用性强、造价低等特点。定型模板与预制构件之间应粘贴密封封条，在混凝土浇筑时节点处模板不应产生变形和漏浆。

（8）装配式混凝土结构的后浇混凝土部位在浇筑前应按标准相关规定进行隐蔽工程验收。

（9）后浇混凝土的施工应符合下列规定：

①预制构件结合面疏松部分的混凝土应剔除并清理干净。

②混凝土分层浇筑高度应符合国家现行有关标准的规定，应在底层混凝土初凝前将上一层混凝土浇筑完毕。

③浇筑时应采取保证混凝土或砂浆浇筑密实的措施。

④预制梁、柱混凝土强度等级不同时，预制梁柱节点区混凝土强度等级应符合设计要求。

⑤混凝土浇筑应布料均衡，浇筑和振捣时，应对模板及支架进行观察和维护，发生异常

情况应及时处理；构件接缝混凝土浇筑和振捣应采取措施防止模板、相连接构件、钢筋、预埋件及其定位件移位。

（10）构件连接部位后浇混凝土及灌浆料的强度达到设计要求后，方可拆除临时支撑系统。拆模时的混凝土强度应符合现行国家标准《混凝土结构工程施工规范》（GB 50666—2011）的有关规定和设计要求。

临时支撑系统拆除时，要检查支撑对象即预制构件经过安装后的连接情况，确认其已与主体结构形成稳定的受力体系后，方可拆除临时支撑系统。

（11）外墙板接缝防水施工应符合下列规定：

①防水施工前，应将板缝空腔清理干净。

②应按设计要求填塞背衬材料。

③密封材料嵌填应饱满、密实、均匀、顺直、表面平滑，其厚度应满足设计要求。

（12）装配式混凝土结构的尺寸偏差及检验方法应符合表4-13的规定。

表4-13　预制构件安装尺寸的允许偏差及检验方法

项目			允许偏差/mm	检验方法
构件中心线对轴线位置	基础		15	经纬仪及尺量
	竖向构件（柱、墙、桁架）		8	
	水平构件（梁、板）		5	
构件标高	梁、柱、墙、板底面或顶面		±5	水准仪或拉线、尺量
构件垂直度	柱、墙	≤6 m	5	经纬仪或吊线、尺量
		>6 m	10	
构件倾斜度	梁、桁架		5	经纬仪或吊线、尺量
相邻构件平整度	板端面		5	2 m靠尺和塞尺量测
	梁、板底面	外露	3	
		不外露	5	
	柱墙侧面	外露	5	
		不外露	8	
构件搁置长度	梁、板		±10	尺量
支座、支垫中心位置	板、梁、柱、墙、桁架		10	尺量
墙板接缝	宽度		±5	尺量

预制构件安装完成后尺寸偏差应符合表中要求，安装过程中，宜采取相应措施从严控制，方可保证完成后的尺寸偏差要求。

当预制构件中用于连接的外伸钢筋定位精度有特别要求时（如与灌浆套筒连接的钢筋），预制构件安装尺寸偏差尚应与连接钢筋的定位要求相协调。

五、部品安装

（1）装配式混凝土建筑的部品安装宜与主体结构同步进行，可在安装部位的主体结构验收合格后进行，并应符合国家现行有关标准的规定。

（2）安装前的准备工作应符合下列规定：

①应编制施工组织设计和专项施工方案，包括安全、质量、环境保护方案及施工进度计划等内容。

②应对所有进场部品、零配件及辅助材料按设计规定的品种、规格、尺寸和外观要求进行检查。

③应进行技术交底。

④现场应具备安装条件，安装部位应清理干净。

⑤装配安装前应进行测量放线工作。

（3）严禁擅自改动主体结构或改变房间的主要使用功能，严禁擅自拆改燃气、暖通、电气等配套设施。

改动建筑主体、承重结构或改变房间的主要使用功能，擅自拆改燃气、暖气、电气等配套设施，有时会危及整个建筑的安全，应严格禁止。

（4）部品吊装应采用专用吊具，起吊和就位应平稳，避免磕碰。

（5）预制外墙安装应符合下列规定：

①墙板应设置临时固定和调整装置。

②墙板应在轴线、标高和垂直度调校合格后方可永久固定。

③当条板采用双层墙板安装时，内、外层墙板的拼缝宜错开。

④蒸压加气混凝土板施工应符合现行行业标准《蒸压加气混凝土建筑应用技术规程》（JGJ/T 17—2008）的规定。

（6）现场组合骨架外墙安装应符合下列规定：

①竖向龙骨安装应平直，不得扭曲，间距应满足设计要求。

②空腔内的保温材料应连续、密实，并应在隐蔽验收合格后方可进行面板安装。

③面板安装方向及拼缝位置应满足设计要求，内外侧接缝不宜在同一根竖向龙骨上。

④木骨架组合墙体施工应符合现行国家标准《木骨架组合墙体技术标准》（GB/T 50361—2018）的规定。

（7）幕墙安装应符合下列规定：

①玻璃幕墙安装应符合现行行业标准《玻璃幕墙工程技术规范》（JGJ 102—2003）的规定。

②金属与石材幕墙安装应符合现行行业标准《金属与石材幕墙工程技术规范》（JGJ 133—2001）的规定。

③人造板材幕墙安装应符合现行行业标准《人造板材幕墙工程技术规范》（JGJ 336—2016）的规定。

（8）外门窗安装应符合下列规定：

①铝合金门窗安装应符合现行行业标准《铝合金门窗工程技术规范》（JGJ 214—2010）的规定。

②塑料门窗安装应符合现行行业标准《塑料门窗工程技术规程》（JGJ 103—2008）的规定。

（9）轻质隔墙部品的安装应符合下列规定：

1）条板隔墙的安装应符合现行行业标准《建筑轻质条板隔墙技术规程》（JGJ/T 157—2014）的有关规定。

2）龙骨隔墙安装应符合下列规定：

①龙骨骨架应与主体结构连接牢固，并应垂直、平整、位置准确。

②龙骨的间距应满足设计要求。

③门、窗洞口等位置应采用双排竖向龙骨。

④壁挂设备、装饰物等的安装位置应设置加固措施。

⑤隔墙饰面板安装前，隔墙板内管线应进行隐蔽工程验收。

⑥面板拼缝应错缝设置，当采用双层面板安装时，上下层板的接缝应错开。

（10）吊顶部品的安装应符合下列规定：

①装配式吊顶龙骨应与主体结构固定牢靠。

②超过 3 kg 的灯具、电扇及其他设备应设置独立吊挂结构。

③饰面板安装前应完成吊顶内管道、管线施工，并经隐蔽验收合格。

（11）架空地板部品的安装应符合下列规定：

①安装前应完成架空层内管线敷设，且应经隐蔽验收合格。

②地板辐射供暖系统应对地暖加热管进行水压试验并隐蔽验收合格后铺设面层。

六、设备与管线安装

（1）设备与管线施工质量应符合设计文件和现行国家标准《建筑给水排水及采暖工程施工质量验收规范》（GB 50242—2002）、《通风与空调工程施工质量验收规范》（GB 50243—2016）、《智能建筑工程施工规范》（GB 50606—2010）、《智能建筑工程质量验收规范》（GB 50339—2013）、《建筑电气工程施工质量验收规范》（GB 50303—2015）和《火灾自动报警系统设计规范》（GB 50166—2013）的规定。

（2）设备与管线需要与结构构件连接时宜采用预留埋件的连接方式。当采用其他连接方法时，不得影响混凝土构件的完整性与结构的安全性。

（3）设备与管线施工前应按设计文件核对设备及管线参数，并应对结构构件预埋套管及预留孔洞的尺寸、位置进行复核，合格后方可施工。

（4）室内架空地板内排水管道支（托）架及管座（墩）的安装应按排水坡度排列整齐，支（托）架与管道接触紧密，非金属排水管道采用金属支架时，应在与管外径接触处设置橡胶垫片。

（5）隐蔽在装饰墙体内的管道，其安装应牢固可靠。管道安装部位的装饰结构应采取方便更换、维修的措施。

（6）当管线需埋置在桁架钢筋混凝土叠合板后浇混凝土中时，应设置在桁架上弦钢筋下方，管线之间不宜交叉。

（7）防雷引下线、防侧击雷、等电位连接施工应与预制构件安装配合。利用预制柱、预制梁、预制墙板内钢筋作为防雷引下线、接地线时，应按设计要求进行预埋和跨接，并进行引下线导通性试验，保证连接的可靠性。

需等电位连接的部件与局部等电位端子箱的接地端子可用导线直接连接，保证连接的可靠性。

七、成品保护

（1）交叉作业时，应做好工序交接，不得对已完成工序的成品、半成品造成破坏。

交叉作业时，应做好工序交接，做好已完部位移交单，各工种之间明确责任主体。

（2）在装配式混凝土建筑施工全过程中，应采取防止预制构件、部品及预制构件上的建筑附件、预埋件、预埋吊件等损伤或污染的保护措施。

（3）预制构件饰面砖、石材、涂刷、门窗等处宜采用贴膜保护或其他专业材料保护。安装完成后，门窗框应采用槽型木框保护。

饰面砖保护应选用无褪色或污染的材料，以防揭膜后饰面砖表面被污染。

（4）连接止水条、高低口、墙体转角等薄弱部位，应采用定型垫块或专用式套件作加强保护。

（5）预制楼梯饰面应采用铺设木板或其他覆盖形式的成品保护措施。楼梯安装后，踏步口宜铺设木条或其他覆盖形式保护。

（6）遇有大风、大雨、大雪等恶劣天气时，应采取有效措施对存放的预制构件成品进行保护。

（7）装配式混凝土建筑的预制构件和部品在安装施工过程、施工完成后，不应受到施工机具碰撞。

（8）施工梯架、工程用的物料等不得支撑、顶压或斜靠在部品上。

（9）当进行混凝土地面等施工时，应防止物料污染、损坏预制构件和部品表面。

八、施工安全与环境保护

（1）装配式混凝土建筑施工应执行国家、地方、行业和企业的安全生产法规和规章制度，落实各级各类人员的安全生产责任制。

（2）施工单位应根据工程施工特点对重大危险源进行分析并予以公示，并制定相对应的安全生产应急预案。

施工企业应对危险源进行辨识、分析，提出应对处理措施，制定应急预案，并根据应急预案进行演练。

（3）施工单位应对从事预制构件吊装作业及相关人员进行安全培训与交底，识别预制构件进场、卸车、存放、吊装、就位各环节的作业风险，并制定防控措施。

（4）安装作业开始前，应对安装作业区进行围护并做出明显的标识，拉警戒线，根据危险源级别安排旁站，严禁与安装作业无关的人员进入。

构件吊运时，吊机回转半径范围内，为非作业人员禁止入内区域，以防坠物伤人。

（5）施工作业使用的专用吊具、吊索、定型工具式支撑、支架等，应进行安全验算，使用中进行定期、不定期检查，确保其安全状态。

装配式构件或体系选用的支撑应经计算符合受力要求，架身组合后，经验收、挂牌后使用。

（6）吊装作业安全应符合下列规定：

①预制构件起吊后，应先将预制构件提升 300 mm 左右后，停稳构件，检查钢丝绳、吊具和预制构件状态，确认吊具安全且构件平稳后，方可缓慢提升构件；

②吊机吊装区域内，非作业人员严禁进入；吊运预制构件时，构件下方严禁站人，应待预制构件降落至距地面 1m 以内方准作业人员靠近，就位固定后方可脱钩；

③高空应通过揽风绳改变预制构件方向，严禁高空直接用手扶预制构件；

④遇到雨、雪、雾天气，或者风力大于 5 级时，不得进行吊装作业。

（7）夹芯保温外墙板后浇混凝土连接节点区域的钢筋连接施工时，不得采用焊接连接。钢筋焊接作业时产生的火花极易引燃或损坏夹芯保温外墙板中的保温层。

（8）预制构件安装施工期间，噪声控制应符合现行国家标准《建筑施工场界环境噪声排放标准》（GB 12523—2011）的规定。

《中华人民共和国环境噪声污染防治法》指出：在城市市区范围内周围生活环境排放建筑施工噪声的，应当符合国家规定的建筑施工场界环境噪声排放标准。

（9）施工现场应加强对废水、污水的管理，现场应设置污水池和排水沟。废水、废弃涂料、胶料应统一处理，严禁未经处理直接排入下水管道。

严禁施工现场产生的废水、污水不经处理排放，影响正常生产、生活以及生态系统平衡的现象。

（10）夜间施工时，应防止光污染对周边居民的影响。

预制构件安装过程中常见的光污染主要是可见光、夜间现场照明灯光、汽车前照灯光、电焊产生的强光等。可见光的亮度过高或过低，对比过强或过弱时，都对人体健康有损害。

（11）预制构件运输过程中，应保持车辆整洁，防止对场内道路的污染，并减少扬尘。

（12）预制构件安装过程中废弃物等应进行分类回收。施工中产生的胶黏剂、稀释剂等易燃易爆废弃物应及时收集送至指定储存器内并按规定回收，严禁丢弃未经处理的废弃物。

第四节　质量验收

一、一般规定

（1）装配式混凝土建筑施工应按现行国家标准《建筑工程施工质量验收统一标准》（GB 50300—2013）的有关规定进行单位工程、分部工程、分项工程和检验批的划分和质量验收。

（2）装配式混凝土建筑的装饰装修、机电安装等分部工程应按国家现行有关标准进行质量验收。

（3）装配式混凝土结构工程应按混凝土结构子分部工程进行验收，装配式混凝土结构部分应按混凝土结构子分部工程的分项工程验收，混凝土结构子分部中其他分项工程应符合现行国家标准《混凝土结构工程施工质量验收规范》（GB 50204—2015）的有关规定。

当装配式混凝土结构工程存在现浇混凝土施工段时，应按现行国家标准《混凝土结构工程施工质量验收规范》（GB 50204—2015）的有关规定进行其他分项工程和检验批的验收。

（4）装配式混凝土结构工程施工用的原材料、部品、构配件均应按检验批次进行进场验收。

（5）装配式混凝土结构连接节点及叠合构件浇筑混凝土前，应进行隐蔽工程验收。

隐蔽工程验收应包括下列主要内容：

①混凝土粗糙面的质量，键槽的尺寸、数量、位置。

②钢筋的牌号、规格、数量、位置、间距，箍筋弯钩的弯折角度及平直段长度。

③钢筋的连接方式、接头位置、接头数量、接头面积百分率、搭接长度、锚固方式及锚固长度。

④预埋件、预留管线的规格、数量、位置。

⑤预制混凝土构件接缝处防水、防火等构造做法。

⑥保温及其节点施工。

⑦其他隐蔽项目。

本条规定的验收内容涉及采用后浇混凝土连接及采用叠合构件的装配整体式结构，隐蔽工程反映钢筋、现浇结构分项工程施工的综合质量，后浇混凝土处的钢筋既包括预制构件外伸的钢筋，也包括后浇混凝土中设置的纵向钢筋和箍筋。在浇筑混凝土之前进行隐蔽工程验收是为了确保其连接构造性能满足设计要求。

（6）混凝土结构子分部工程验收时，除应符合现行国家标准《混凝土结构工程施工质量验收规范》（GB 50204—2015）的有关规定提供文件和记录外，尚应提供下列文件和记录：

①工程设计文件、预制构件安装施工图和加工制作详图。

②预制构件、主要材料及配件的质量证明文件、进场验收记录、抽样复验报告。

③预制构件安装施工记录。

④钢筋套筒灌浆型式检验报告、工艺检验报告和施工检验记录，浆锚搭接连接的施工检验记录。

⑤后浇混凝土部位的隐蔽工程检查验收文件。

⑥后浇混凝土、灌浆料、坐浆材料强度检测报告。

⑦外墙防水施工质量检验记录。

⑧装配式结构分项工程质量验收文件。

⑨装配式工程的重大质量问题的处理方案和验收记录。

⑩装配式工程的其他文件和记录。

二、预制构件

1. 主控项目

（1）专业企业生产的预制构件，进场时应检查质量证明文件。

检查数量：全数检查。

检验方法：检查质量证明文件或质量验收记录。

对专业企业生产的预制构件，质量证明文件包括产品合格证明书、混凝土强度检验报告及其他重要检验报告等；预制构件的钢筋、混凝土原材料、预应力材料、预埋件等均应参照国家现行有关标准的有关规定进行检验，其检验报告在预制构件进场时可不提供，但应在构件生产单位存档保留，以便需要时查阅。按有关规定，对于进场时不做结构性能检验的预制构件，质量证明文件尚应包括预制构件生产过程的关键验收记录。

对总承包单位制作的预制构件，没有"进场"的验收环节，其材料和制作质量应按规定进行验收。对构件的验收方式为检查构件制作中的质量验收记录。

（2）专业企业生产的预制构件进场时，预制构件结构性能检验应符合下列规定：

1）梁板类简支受弯预制构件进场时应进行结构性能检验，并应符合下列规定：

①结构性能检验应符合国家现行有关标准的有关规定及设计的要求，检验要求和试验方法应符合现行国家标准《混凝土结构工程施工质量验收规范》（GB 50204—2015）的有关规定。

②钢筋混凝土构件和允许出现裂缝的预应力混凝土构件应进行承载力、挠度和裂缝宽度检验；不允许出现裂缝的预应力混凝土构件应进行承载力、挠度和抗裂检验。

③对大型构件及有可靠应用经验的构件，可只进行裂缝宽度、抗裂和挠度检验。

④对使用数量较少的构件，当能提供可靠依据时，可不进行结构性能检验。

⑤对多个工程共同使用的同类型预制构件，结构性能检验可共同委托，其结果对多个工程共同有效。

2）对于不可单独使用的叠合板预制底板，可不进行结构性能检验。对叠合梁构件，是否进行结构性能检验，结构性能检验的方式应根据设计要求确定。

3）其他预制构件，除设计有专门要求外，进场时可不做结构性能检验。

4）规定中不做结构性能检验的预制构件，应采取下列措施：

①施工单位或监理单位代表应驻厂监督生产过程。

②当无驻厂监督时，预制构件进场时应对其主要受力钢筋数量、规格、间距、保护层厚度及混凝土强度等进行实体检验。

检验数量：同一类型预制构件不超过 1 000 个为一批，每批随机抽取 1 个构件进行结构性能检验。

检验方法：检查结构性能检验报告或实体检验报告。

（注："同类型"是指同一钢种、同一混凝土强度等级、同一生产工艺和同一结构形式。抽取预制构件时，宜从设计荷载最大、受力最不利或生产数量最多的预制构件中抽取。）

专业企业生产预制构件进场时要进行结构性能检验。结构性能检验通常应在构件进场时进行，但考虑检验方便，工程中多在各方参与下在预制构件生产场地进行。

考虑构件特点及加载检验条件，相关规定仅提出了梁板类非叠合简支受弯预制构件的结构性能检验要求。还对非叠合简支梁板类受弯预制构件提出了结构性能检验的简化条件：大型构件一般指跨度大于 18 m 的构件；可靠应用经验指该单位生产的标准构件在其他工程已多次应用，如预制楼梯、预制空心板、预制双 T 板等；使用数量较少一般指数量在 50 件以内，近期完成的合格结构性能检验报告可作为可靠依据。

"不单独使用的叠合预制底板"主要包括桁架钢筋叠合底板和各类预应力叠合楼板用薄板、带肋板。由于此类构件刚度较小,且板类构件强度与混凝土强度相关性不大,很难通过加载方式对结构受力性能进行检验,可不进行结构性能检验。对于可单独使用、也可作为叠合楼板使用的预应力空心板、双 T 板,按相关规定对构件进行结构性能检验,检验时不浇后浇层,仅检验预制构件。对叠合梁构件,由于情况复杂,是否进行结构性能检验、结构性能检验的方式由设计确定。

工程中需要做结构性能检验的构件主要有预制梁、预制楼梯、预应力空心板、预应力双 T 板等简支受弯构件。其他预制构件除设计有专门要求外,进场时可不做结构性能检验。

国家标准《混凝土结构工程施工质量验收规范》(GB 50204—2015)附录 B 给出了受弯预制构件的抗裂、变形及承载力性能的检验要求和检验方法。

对于所有进场时不做结构性能检验的预制构件,可通过施工单位或监理单位代表驻厂监督生产的方式进行质量控制,此时构件进场的质量证明文件应经监督代表确认。当无驻厂监督,进场时应对预制构件主要受力钢筋数量、规格、间距及混凝土强度、混凝土保护层厚度等进行实体检验,具体可按以下原则执行:

①实体检验宜采用非破损方法,也可采用破损方法,非破损方法应采用专业仪器并符合国家现行有关标准的有关规定。

②检查数量可根据工程情况由各方商定。一般情况下,可以不超过 1 000 个同类型预制构件为一批,每批抽取构件数量的 2%且不少于 5 个构件。

③检查方法可参考国家标准《混凝土结构工程施工质量验收规范》(GB 50204—2015)附录 D、附录 E 的有关规定。

对所有进场时不做结构性能检验的预制构件,进场时的质量证明文件宜增加构件生产过程检查文件,如钢筋隐蔽工程验收记录、预应力筋张拉记录等。

(3)预制构件的混凝土外观质量不应有严重缺陷,且不应有影响结构性能和安装、使用功能的尺寸偏差。

检查数量:全数检查。

检验方法:观察、尺量;检查处理记录。

对于出现的外观质量严重缺陷、影响结构性能和安装、使用功能的尺寸偏差,以及拉结件类别、数量和位置有不符合设计要求的情形应做退场处理。如经设计同意可以进行修理使用,则应制定处理方案并获得监理确认后,预制构件生产单位应按技术处理方案处理,修理后应重新验收。

(4)预制构件表面预贴饰面砖、石材等饰面与混凝土的粘结性能应符合设计和国家现行有关标准的规定。

检查数量:按批检查。

检验方法:检查拉拔强度检验报告。

预制构件外贴材料等应在进场时按设计要求对预制构件产品全数检查,合格后方可使用,避免在构件安装时发现问题造成不必要的损失。

2. 一般项目

（1）预制构件外观质量不应有一般缺陷，对出现的一般缺陷应要求构件生产单位按技术处理方案进行处理，并重新检查验收。

检查数量：全数检查。

检验方法：观察；检查技术处理方案和处理记录。

（2）预制构件粗糙面的外观质量、键槽的外观质量和数量应符合设计要求。

检查数量：全数检查。

检验方法：观察、量测。

（3）预制构件表面预贴饰面砖、石材等饰面及装饰混凝土饰面的外观质量应符合设计要求或国家现行有关标准的规定。

检查数量：按批检查。

检验方法：观察或轻击检查；与样板比对。

预制构件的装饰外观质量应在进场时按设计要求对预制构件产品全数检查，合格后方可使用。如果出现偏差情况，应和设计协商相应处理方案，如设计不同意处理应做退场报废处理。

（4）预制构件上的预埋件、预留插筋、预留孔洞、预埋管线等规格型号、数量应符合设计要求。

检查数量：按批检查。

检验方法：观察、尺量；检查产品合格证。

预制构件的预留、预埋件等应在进场时按设计要求对每件预制构件产品全数检查，合格后方可使用，避免在构件安装时发现问题造成不必要的损失。

对于预埋件和预留孔洞等项目验收出现问题时，应和设计协商相应处理方案，如设计不同意处理应做退场报废处理。

检查数量：按照进场检验批，同一规格（品种）的构件每次抽检数量不应少于该规格（品种）数量的 5%，且不少于 3 件。

（5）预制板类、墙板类、梁柱类构件外形尺寸偏差和检验方法应分别符合标准规定。

检查数量：按照进场检验批，同一规格（品种）的构件每次抽检数量不应少于该规格（品种）数量的 5% 且不少于 3 件。

（6）装饰构件的装饰外观尺寸偏差和检验方法应符合设计要求；当设计无具体要求时，应符合标准规定。

检查数量：按照进场检验批，同一规格（品种）的构件每次抽检数量不应少于该规格（品种）数量的 10% 且不少于 5 件。

如标题（5）、标题（6）所述，预制构件的一般项目验收应在预制工厂出厂检验的基础上进行，现场验收时应按规定填写检验记录。对于部分项目不满足标准规定时，可以允许厂家按要求进行修理，但应责令预制构件生产单位制定产品出厂质量管理的预防纠正措施。

预制构件的外观质量一般缺陷应按产品标准规定全数检验；当构件没有产品标准或现场

制作时，应按现浇结构构件的外观质量要求检查和处理。

预制构件尺寸偏差和预制构件上的预留孔、预留洞、预埋件、预留插筋、键槽位置偏差等基本要求应进行抽样检验。如根据具体工程要求提出高于标准规定时，应按设计要求或合同规定执行。

装配整体式结构中预制构件与后浇混凝土结合的界面统称为结合面，结合面的表面一般要求在预制构件上设置粗糙面或键槽，同时还需要配置抗剪或抗拉钢筋等以确保结构连接构造的整体性设计要求。

构件尺寸偏差设计有专门规定的，尚应符合设计要求。预制构件有粗糙面时，与粗糙面相关的尺寸允许偏差可适当放宽。

三、预制构件安装与连接

1. 主控项目

（1）预制构件临时固定措施应符合设计、专项施工方案要求及国家现行有关标准的规定。

检查数量：全数检查。

检验方法：观察检查，检查施工方案、施工记录或设计文件。

临时固定措施是装配式混凝土结构安装过程中承受施工荷载、保证构件定位、确保施工安全的有效措施。临时支撑是常用的临时固定措施，包括水平构件下方的临时竖向支撑、水平构件两端支撑构件上设置的临时牛腿、竖向构件的临时斜撑等。

（2）装配式结构采用后浇混凝土连接时，构件连接处后浇混凝土的强度应符合设计要求。

检查数量：按批检验。

检验方法：应符合现行国家标准《混凝土强度检验评定标准》（GB/T 50107—2010）的有关规定。

装配整体式混凝土结构节点区的后浇混凝土质量控制非常重要，不但要求其与预制构件的结合面紧密结合，还要求其自身浇筑密实，更重要的是要控制混凝土强度指标。

当后浇混凝土和现浇结构采用相同强度等级混凝土浇筑时，此时可以采用现浇结构的混凝土试块强度进行评定；对有特殊要求的后浇混凝土应单独制作试块进行检验评定。

（3）钢筋采用套筒灌浆连接、浆锚搭接连接时，灌浆应饱满、密实，所有出口均应出浆。

检查数量：全数检查。

检验方法：检查灌浆施工质量检查记录、有关检验报告。

（4）钢筋套筒灌浆连接及浆锚搭接连接用的灌浆料强度应符合国家现行有关标准的规定及设计要求。

检查数量：按批检验，以每层为一检验批；每工作班应制作 1 组且每层不应少于 3 组 40 mm×40 mm×160 mm 的长方体试件，标准养护 28 d 后进行抗压强度试验。

检验方法：检查灌浆料强度试验报告及评定记录。

如标题（3）、标题（4）所述，钢筋套筒灌浆连接和浆锚搭接连接是装配式混凝土结构的重要连接方式，灌浆质量的好坏对结构的整体性影响非常大，应采取措施保证孔道的灌浆密实。

钢筋采用套筒灌浆连接或浆锚搭接连接时，连接接头的质量及传力性能是影响装配式混凝土结构受力性能的关键，应严格控制。

套筒灌浆连接前应按现行行业标准《钢筋套筒灌浆连接应用技术规程》（JGJ 355—2015）的有关规定进行钢筋套筒灌浆连接接头工艺试验，试验合格后方可进行灌浆作业。

（5）预制构件底部接缝座浆强度应满足设计要求。

检查数量：按批检验，以每层为一检验批；每工作班同一配合比应制作 1 组且每层不应少于 3 组边长为 70.7 mm 的立方体试件，标准养护 28d 后进行抗压强度试验。

检验方法：检查座浆材料强度试验报告及评定记录。

接缝采用座浆连接时，如果希望座浆满足竖向传力要求，则应对座浆的强度提出明确的设计要求。对于不需要传力的填缝砂浆可以按构造要求规定其强度指标。施工时应采取措施确保座浆在接缝部位饱满密实，并加强养护。

（6）钢筋采用机械连接时，其接头质量应符合现行行业标准《钢筋机械连接技术规程》（JGJ 107—2016）的有关规定。

检查数量：应符合现行行业标准《钢筋机械连接技术规程》（JGJ 107—2016）的有关规定。

检验方法：检查钢筋机械连接施工记录及平行试件的强度试验报告。

（7）钢筋采用焊接连接时，其焊缝的接头质量应满足设计要求，并应符合现行行业标准《钢筋焊接及验收规程》（JGJ 18—2012）的有关规定。

检查数量：应符合现行行业标准《钢筋焊接及验收规程》（JGJ 18—2012）的有关规定。

检验方法：检查钢筋焊接接头检验批质量验收记录。

（8）预制构件采用型钢焊接连接时，型钢焊缝的接头质量应满足设计要求，并应符合现行国家标准《钢结构焊接规范》（GB 50661—2011）和《钢结构工程施工质量验收规范》（GB 50205—2001）的有关规定。

检查数量：全数检查。

检验方法：应符合现行国家标准《钢结构工程施工质量验收规范》（GB 50205—2001）的有关规定。

（9）预制构件采用螺栓连接时，螺栓的材质、规格、拧紧力矩应符合设计要求及现行国家标准《钢结构设计标准》（GB 50017—2017）和《钢结构工程施工质量验收规范》（GB 50205—2001）的有关规定。

检查数量：全数检查。

检验方法：应符合现行国家标准《钢结构工程施工质量验收规范》（GB 50205—2001）的有关规定。

如标题（6）～标题（9）所述，在装配式混凝土结构中，常会采用钢筋或钢板焊接连接。当钢筋或型钢采用焊接连接时，钢筋或型钢的焊接质量是保证结构传力的关键主控项目，应由具备资格的焊工进行操作，并应按国家现行标准《钢结构工程施工质量验收规范》（GB 50205—2001）和《钢筋焊接及验收规程》（JGJ 18—2012）的有关规定进行验收。

考虑到装配式混凝土结构中钢筋或型钢焊接连接的特殊性，很难做到连接试件原位截取，故要求制作平行加工试件。平行加工试件应与实际钢筋连接接头的施工环境相似，并宜在工程结构附近制作。

钢筋采用机械连接时，应按现行行业标准《钢筋机械连接技术规程》（JGJ 107—2016）的有关规定进行验收。平行加工试件应与实际钢筋连接接头的施工环境相似，并宜在工程结构附近制作。对于直螺纹机械连接接头，应按有关标准规定检验螺纹接头拧紧扭矩和挤压接头压痕直径。对于冷挤压套筒机械连接接头，其接头质量也应符合国家现行有关标准的规定。

装配式混凝土结构采用螺栓连接时，螺栓、螺母、垫片等材料的进场验收应符合现行国家标准《钢结构工程施工质量验收规范》（GB 50205—2001）的有关规定。施工时应分批逐个检查螺栓的拧紧力矩，并做好施工记录。

（10）装配式结构分项工程的外观质量不应有严重缺陷，且不得有影响结构性能和使用功能的尺寸偏差。

检查数量：全数检查。

检验方法：观察、量测；检查处理记录。

装配式混凝土结构的外观质量除设计有专门的规定外，尚应符合现行国家标准《混凝土结构工程施工质量验收规范》（GB 50204—2015）中关于现浇混凝土结构的有关规定。

对于出现的严重缺陷及影响结构性能和安装、使用功能的尺寸偏差，处理方式应按现行国家标准《混凝土结构工程施工质量验收规范》（GB 50204—2015）的有关规定执行。对于出现的一般缺陷，处理方式同上述方式。

（11）外墙板接缝的防水性能应符合设计要求。

检验数量：按批检验。每 1 000 m² 外墙（含窗）面积应划分为一个检验批，不足 1 000 m² 时也应划分为一个检验批；每个检验批应至少抽查一处，抽查部位应为相邻两层 4 块墙板形成的水平和竖向十字接缝区域，面积不得少于 10 m²。

检验方法：检查现场淋水试验报告。

装配式混凝土结构的接缝防水施工是非常关键的质量检验内容，是保证装配式外墙防水性能的关键，施工时应按设计要求进行选材和施工，并采取严格的检验验证措施。考虑到此项验收内容与结构施工密切相关，应按设计及有关防水施工要求进行验收。

外墙板接缝的现场淋水试验应在精装修进场前完成，并应满足下列要求：淋水量应控制在 3 L/（m²·min）以上，持续淋水时间为 24 h。某处淋水试验结束后，若背水面存在渗漏现象，应对该检验批的全部外墙板接缝进行淋水试验，并对所有渗漏点进行整改处理，并在整改完成后重新对渗漏的部位进行淋水试验，直至不再出现渗漏点为止。

2. 一般项目

（1）装配式结构分项工程的施工尺寸偏差及检验方法应符合设计要求；当设计无要求时，应符合标准的规定。

检查数量：按楼层、结构缝或施工段划分检验批。同一检验批内，对梁、柱，应抽查构件数量的 10%，且不少于 3 件；对墙和板，应按有代表性的自然间抽查 10%，且不少于 3 间；对大空间结构，墙可按相邻轴线间高度 5 m 左右划分检查面，板可按纵、横轴线划分检查面，抽查 10%，且均不少于 3 面。

（2）装配式混凝土建筑的饰面外观质量应符合设计要求，并应符合现行国家标准《建筑装饰装修工程质量验收标准》（GB 50210—2018）的有关规定。

检查数量：全数检查。

检验方法：观察、对比量测。

四、部品安装

（1）装配式混凝土建筑的部品验收应分层分阶段开展。

（2）部品质量验收应根据工程实际情况检查下列文件和记录：

①施工图或竣工图、性能试验报告、设计说明及其他设计文件。

②部品和配套材料的出厂合格证、进场验收记录。

③施工安装记录。

④隐蔽工程验收记录。

⑤施工过程中重大技术问题的处理文件、工作记录和工程变更记录。

（3）部品验收分部分项划分应满足国家现行相关标准要求，检验批划分应符合下列规定：

①相同材料、工艺和施工条件的外围护部品每 1 000 m² 应划分为一个检验批，不足 1 000 m² 也应划分为一个检验批；每个检验批每 100 m² 应至少抽查一处，每处不得小于 10 m²。

②住宅建筑装配式内装工程应进行分户验收，划分为一个检验批。

③公共建筑装配式内装工程应按照功能区间进行分段验收，划分为一个检验批。

④对于异形、多专业综合或有特殊要求的部品，国家现行相关标准未作出规定时，检验批的划分可根据部品的结构、工艺特点及工程规模，由建设单位组织监理单位和施工单位协商确定。

（4）外围护部品应在验收前完成下列性能的试验和测试：

①抗风压性能、层间变形性能、耐撞击性能、耐火极限等实验室检测。

②连接件材性、锚栓拉拔强度等现场检测。

（5）外围护部品验收根据工程实际情况进行下列现场试验和测试：

①饰面砖（板）的粘结强度测试。

②板接缝及外门窗安装部位的现场淋水试验。

③现场隔声测试。

④现场传热系数测试。

（6）外围护部品应完成下列隐蔽项目的现场验收：

①预埋件。

②与主体结构的连接节点。

③与主体结构之间的封堵构造节点。

④变形缝及墙面转角处的构造节点。

⑤防雷装置。

⑥防火构造。

（7）屋面应按现行国家标准《屋面工程质量验收规范》（GB 50207—2012）的规定进行验收。

（8）外围护系统的保温和隔热工程质量验收应按现行国家标准《建筑节能工程施工质量验收规范》（GB 50411—2007）的规定执行。

（9）幕墙应按现行行业标准《玻璃幕墙工程技术规范》（JGJ 102—2003）、《金属与石材幕墙工程技术规范》（JGJ 133—2001）和《人造板材幕墙工程技术规范》（JGJ 336—2016）的规定进行验收。

（10）外围护系统的门窗工程、涂饰工程应按现行国家标准《建筑装饰装修工程质量验收标准》（GB 50210—2018）的规定进行验收。

（11）木骨架组合外墙系统应按现行国家标准《木骨架组合墙体技术规范》（GB/T 50361—2018）的规定进行验收。

（12）蒸压加气混凝土外墙板应按现行行业标准《蒸压加气混凝土建筑应用技术规程》（JGJ/T 17—2008）的规定进行验收。

（13）内装工程应按国家现行标准《建筑装饰装修工程质量验收标准》（GB 50210—2018）、《建筑轻质条板隔墙技术规程》（JGJ/T 157—2014）和《公共建筑吊顶工程技术规程》（JGJ 345—2014）的有关规定进行验收。

（14）室内环境的质量验收应在内装工程完成后进行，并应符合现行国家标准《民用建筑工程室内环境污染控制规范》（GB 50325—2010）的有关规定。

五、设备与管线安装

（1）装配式混凝土建筑中涉及建筑给水排水及供暖、通风与空调、建筑电气、智能建筑、建筑节能、电梯等安装的施工质量验收应按其对应的分部工程进行验收。

（2）给水排水及采暖工程的分部工程、分项工程、检验批质量验收等应符合现行国家标准《建筑给水排水及采暖工程施工质量验收规范》（GB 50242—2002）的有关规定。

（3）电气工程的分部工程、分项工程、检验批质量验收等应符合现行国家标准《建筑电气工程施工质量验收规范》（GB 50303—2015）及《火灾自动报警系统施工及验收规范》（GB 50166—2007）的有关规定。

（4）通风与空调工程的分部工程、分项工程、检验批质量验收等应符合现行国家标准《通风与空调工程施工质量验收规范》（GB 50243—2016）的有关规定。

（5）智能建筑的分部工程、分项工程、检验批质量验收等除应符合本标准外，尚应符合现行国家标准《智能建筑工程质量验收规范》（GB 50339—2013）的有关规定。

（6）电梯工程的分部工程、分项工程、检验批质量验收等应符合现行国家标准《电梯工程施工质量验收规范》（GB 50310—2002）的有关规定。

（7）建筑节能工程的分部工程、分项工程、检验批质量验收等应符合现行国家标准《建筑节能工程施工质量验收规范》（GB 50411—2007）的有关规定。

第五章　装配式钢结构建筑技术标准

《装配式钢结构建筑技术标准》(GB/T 51232—2016)的主要技术内容有：①总则；②术语；③基本规定；④建筑设计；⑤集成设计；⑥生产运输；⑦施工安装；⑧质量验收；⑨使用维护。

重点学好用好基本规定；生产运输；施工安装；质量验收；使用维护等技术标准。

第一节　基本规定

（1）装配式钢结构建筑应采用系统集成的方法统筹设计、生产运输、施工安装和使用维护，实现全过程的协同。

系统性和集成性是装配式建筑的基本特征，装配式建筑是以完整的建筑产品为对象，提供性能优良的完整建筑产品，通过系统集成的方法，实现设计、生产运输、施工安装和使用维护全过程一体化。

（2）装配式钢结构建筑应按照通用化、模数化、标准化的要求，以少规格、多组合的原则，实现建筑及部品部件的系列化和多样化。

装配式建筑的建筑设计应进行模数协调，以满足建造装配化与部品部件标准化、通用化的要求。标准化设计是实施装配式建筑的有效手段，而模数和模数协调是实现装配式建筑标准化设计的重要基础，涉及装配式建筑产业链上的各个环节。少规格、多组合是装配式建筑设计的重要原则，减少部品部件的规格种类及提高部品部件模板的重复使用率，有利于部品部件的生产制造与施工，有利于提高生产速度和工人的劳动效率，从而降低造价。

（3）部品部件的工厂化生产应建立完善的生产质量管理体系，设置产品标识，提高生产精度，保障产品质量。

（4）装配式钢结构建筑应综合协调建筑、结构、设备和内装等专业，制定相互协同的施工组织方案，并应采用装配式施工，保证工程质量，提高劳动效率。

（5）装配式钢结构建筑应实现全装修，内装系统应与结构系统、外围护系统、设备与管线系统一体化设计建造。

（6）装配式钢结构建筑宜采用建筑信息模型（BIM）技术，实现全专业、全过程的信息化管理。

建筑信息模型技术是装配式建筑建造过程的重要手段。通过信息数据平台管理系统将设计、生产、施工、物流和运营等各环节联系为一体化管理，对提高工程建设各阶段及各专业之间协同配合的效率，以及一体化管理水平具有重要作用。

（7）装配式钢结构建筑宜采用智能化技术，提升建筑使用的安全、便利、舒适和环保等性能。

（8）装配式钢结构建筑应进行技术策划，对技术选型、技术经济可行性和可建造性进行评估，并应科学合理地确定建造目标与技术实施方案。

施工安装策划应根据建筑概念方案，确定施工组织方案、关键施工技术方案、机具设备的选择方案、质量保障方案等。

经济成本策划要确定项目的成本目标，并对装配式建筑实施重要环节的成本优化提出具体指标和控制要求。

（9）装配式钢结构建筑应采用绿色建材和性能优良的部品部件，提升建筑整体性能和品质。

装配式建筑强调性能要求，提高建筑质量和品质。装配式钢结构建筑的结构系统本身就是绿色建造技术，是国家重点推广的内容，符合可持续发展战略。因此外围护系统、设备与管线系统以及内装系统也应遵循绿色建筑全寿命期的理念，结合地域特点和地方优势，优先采用节能环保的技术、工艺、材料和设备，实现节约资源、保护环境和减少污染的目标，为人们提供健康舒适的居住环境。

（10）装配式钢结构建筑防火、防腐应符合国家现行相关标准的规定，满足可靠性、安全性和耐久性的要求。

防火、防腐对装配式钢结构建筑来说是非常重要的性能，除必须满足国家现行标准中的相关规定外，在装配式钢结构的设计、生产运输、施工安装以及使用维护过程中均要考虑可靠性、安全性和耐久性的要求。

第二节　生产运输

一、一般规定

（1）建筑部品部件生产企业应有固定的生产车间和自动化生产线设备，应有专门的生产、技术管理团队和产业工人，并应建立技术标准体系及安全、质量、环境管理体系。这是建筑部品部件生产企业的基本要求。从企业有固定的车间、技术生产管理人员及专业的产业操作工人等方面进行了规定，同时要求企业建立产品标准或产品标准图集等技术标准体系，也规定了安全、质量和环境管理体系的要求。

（2）建筑部品部件应在工厂生产，生产过程及管理宜应用信息管理技术，生产工序宜形成流水作业。

本条从标准化设计和机械化生产的角度，提出对建筑部品部件实行生产线作业和信息化管理的要求，以保证产品加工质量稳定。

（3）建筑部品部件生产前，应根据设计要求和生产条件编制生产工艺方案，对构造复杂的部品或构件宜进行工艺性试验。

（4）建筑部品部件生产前，应有经批准的构件深化设计图或产品设计图，设计深度应满足生产、运输和安装等技术要求。

（5）生产过程质量检验控制应符合下列规定：

①首批（件）产品加工应进行自检、互检、专检，产品经检验合格形成检验记录，方可进行批量生产。

②首批（件）产品检验合格后，应对产品生产加工工序，特别是重要工序控制进行巡回检验。

③产品生产加工完成后，应由专业检验人员根据图纸资料、施工单等对生产产品按批次进行检查，做好产品检验记录。并应对检验中发现的不合格产品做好记录，同时应增加抽样检测样本数量或频次。

④检验人员应严格按照图样及工艺技术要求的外观质量、规格尺寸等进行出厂检验，做好各项检查记录，签署产品合格证后方可入库，无合格证产品不得入库。

（6）建筑部品部件生产应按下列规定进行质量过程控制：

①凡涉及安全、功能的原材料，应按现行国家标准规定进行复验，见证取样、送样。

②各工序应按生产工艺要求进行质量控制，实行工序检验。

③相关专业工种之间应进行交接检验。

④隐蔽工程在封闭前应进行质量验收。

（7）建筑部品部件生产检验合格后，生产企业应提供出厂产品质量检验合格证。建筑部品应符合设计和国家现行有关标准的规定，并应提供执行产品标准的说明、出厂检验合格证明文件、质量保证书和使用说明书。

（8）建筑部品部件的运输方式应根据部品部件特点、工程要求等确定。建筑部品或构件出厂时，应有部品或构件重量、重心位置、吊点位置、能否倒置等标志。

（9）生产单位宜建立质量可追溯的信息化管理系统和编码标识系统。

二、结构构件生产

（1）钢构件加工制作工艺和质量应符合现行国家标准《钢结构工程施工规范》（GB 50755—2012）和《钢结构工程施工质量验收规范》（GB 50205—2001）的规定。

（2）钢构件和装配式楼板深化设计图应根据设计图和其他有关技术文件进行编制，其内容包括设计说明、构件清单、布置图、加工详图、安装节点详图等。

（3）钢构件宜采用自动化生产线进行加工制作，减少手工作业。

（4）钢构件与墙板、内装部品的连接件宜在工厂与钢构件一起加工制作。

（5）钢构件焊接宜采用自动焊接或半自动焊接，并应按评定合格的工艺进行焊接。焊缝质量应符合现行国家标准《钢结构工程施工质量验收规范》（GB 50205—2001）和《钢结构焊接规范》（GB 50661—2011）的规定。

（6）高强度螺栓孔宜采用数控钻床制孔和套模制孔，制孔质量应符合现行国家标准《钢结构工程施工质量验收规范》（GB 50205—2001）的规定。

（7）钢构件除锈宜在室内进行，除锈方法及等级应符合设计要求，当设计无要求时，宜选用喷砂或抛丸除锈方法，除锈等级应不低于 Sa2.5 级。

钢构件表面的除锈质量在现行国家标准《涂覆涂料前钢材表面处理　表面清洁度的目视评定　第 1 部分：未涂覆过的钢材表面和全面清除原有涂层后的钢材表面的锈蚀等级和处理等级》（GB/T 8923.1—2011）、《涂覆涂料前钢材表面处理　表面清洁度的目视评定　第 2 部分：已涂覆过的钢材表面局部清除原有涂层后的处理等级》（GB/T 8923.2—2008）、《涂覆涂料前钢材表面处理　表面清洁度的目视评定　第 3 部分：焊缝、边缘和其他区域的表面缺陷的处理等级》（GB/T 8923.3—2009）和《涂覆涂料前钢材表面处理　表面清洁度的目视评定　第 4 部分：与高压水喷射处理有关的初始表面状态、处理等级和闪锈等级》（GB/T 8923.4—2013）等标准中有规定，设计和施工单位可以参考选用。

（8）钢构件防腐涂装应符合下列规定：

①宜在室内进行防腐涂装。

②防腐涂装应按设计文件的规定执行，当设计文件未规定时，应依据建筑不同部位对应环境要求进行防腐涂装系统设计。

③涂装作业应按现行国家标准《钢结构工程施工规范》（GB 50755—2012）的规定执行。

（9）必要时，钢构件宜在出厂前进行预拼装，构件预拼装可采用实体预拼装或数字模拟预拼装。

（10）预制楼板生产应符合下列规定：

①压型钢板应采用成型机加工，成型后基板不应有裂纹。

②钢筋桁架楼承板应采用专用设备加工。

③钢筋混凝土预制楼板加工应符合现行行业标准《装配式混凝土结构技术规程》（JGJ 1—2014）的规定。

三、外围护部品生产

（1）外围护部品应采用节能环保的材料，材料应符合现行国家标准《民用建筑工程室内环境污染控制规范》（GB 50325—2010）和《建筑材料放射性核素限量》（GB 6566—2010）的规定，外围护部品室内侧材料尚应满足室内建筑装饰材料有害物质限量的要求。

（2）外围护部品生产，应对尺寸偏差和外观质量进行控制。

（3）预制外墙部品生产时，应符合下列规定：

①外门窗的预埋件设置应在工厂完成。

②不同金属的接触面应避免电化学腐蚀。

③蒸压加气混凝土板的生产应符合现行行业标准《蒸压加气混凝土建筑应用技术规程》（JGJ/T 17—2008）的规定。

（4）现场组装骨架外墙的骨架、基层墙板、填充材料应在工厂完成生产。

（5）建筑幕墙的加工制作应按现行行业标准《玻璃幕墙工程技术规范》（JGJ 102—2003）、《金属与石材幕墙工程技术规范》（JGJ 133—2001）和《人造板材幕墙工程技术规范》（JGJ 336—2016）的规定执行。

四、内装部品生产

（1）内装部品的生产加工应包括深化设计、制造或组装、检测及验收，并应符合下列规定：

①内装部品生产前应复核相应结构系统及外围护系统上预留洞口的位置、规格等。

②生产厂家应对出厂部品中每个部品进行编码，并宜采用信息化技术对部品进行质量追溯。

③在生产时宜适度预留公差，并应进行标识，标识系统应包含部品编码、使用位置、生产规格、材质、颜色等信息。

a. 内装部品生产前应对已经预留的预埋件和预留孔洞进行采集、核验，对于已经形成的偏差，在部品生产时尽可能予以调整，实现建筑、装修、设备管线协同，测量和生产数据均以mm为单位。

b. 对内装部品进行编码，是对装修作业质量控制的产业升级，便于运营和维护。编码可通过信息技术附着于部品，包含部品的各环节信息，实现部品的质量追溯，推进部品质量的提升和安装技术的进步。

c. 部品生产时宜适度预留公差，有利于调剂装配现场的偏差范围与规模化生产效率。部品应进行标识并包含详细信息，有利于装配工人快速识别并准确应用，既提高装配效率又避免部品污染与损耗。

（2）部品生产应使用节能环保的材料，并应符合现行国家标准《民用建筑工程室内环境污染控制规范》（GB 50325—2010）的有关规定。

（3）内装部品生产加工要求应根据设计图纸进行深化，满足性能指标要求。

五、包装、运输与堆放

（1）部品部件出厂前应进行包装，保障部品部件在运输及堆放过程中不破损、不变形。

（2）对超高、超宽、形状特殊的大型构件的运输和堆放应制定专门的方案。

（3）选用的运输车辆应满足部品部件的尺寸、重量等要求，装卸与运输时应符合下列规定：

①装卸时应采取保证车体平衡的措施。

②应采取防止构件移动、倾倒、变形等的固定措施。

③运输时应采取防止部品部件损坏的措施，对构件边角部或链索接触处的混凝土宜设置保护衬垫。

本条规定的建筑部品部件的运输尺寸包括外形尺寸和外包装尺寸，运输时长度、宽度、高度和重量不得超过公路、铁路或海运的有关规定。

（4）部品部件堆放应符合下列规定：

①堆放场地应平整、坚实，并按部品部件的保管技术要求采用相应的防雨、防潮、防暴晒、防污染和排水等措施。

②构件支垫应坚实，垫块在构件下的位置宜与脱模、吊装时的起吊位置一致。

③重叠堆放构件时，每层构件间的垫块应上下对齐，堆垛层数应根据构件、垫块的承载力确定，并应根据需要采取防止堆垛倾覆的措施。

（5）墙板运输与堆放尚应符合下列规定：

①当采用靠放架堆放或运输构件时，靠放架应具有足够的承载力和刚度，与地面倾斜角度宜大于80°；墙板宜对称放置且外饰面朝外，墙板上部宜采用木垫块隔开；运输时应固定牢固。

②当采用插放架直立堆放或运输时，宜采取直立方式运输；插放架应有足够的承载力和刚度，并应支垫稳固。

③采用叠层平放的方式堆放或运输时，应采取防止产生损坏的措施。

第三节　施工安装

一、一般规定

（1）装配式钢结构建筑施工单位应建立完善的安全、质量、环境和职业健康管理体系。

本条规定了从事装配式钢结构建筑工程各专业施工单位的管理体系要求，以规范市场准入制度。

（2）施工前，施工单位应编制下列技术文件，并按规定进行审批和论证：

①施工组织设计及配套的专项施工方案。

②安全专项方案。

③环境保护专项方案。

本条规定了装配式钢结构建筑工程施工前应完成施工组织设计、专项施工方案、安全专项方案、环境保护专项方案等技术文件的编制，并按规定审批论证，以规范项目管理，确保安全施工、文明施工。

施工组织设计一般包括编制依据、工程概况、资源配置、进度计划、施工总平面布置、主要施工方案、施工质量保证措施、安全保证措施及应急预案、文明施工及环境保护措施、季节性施工措施、夜间施工措施等内容，也可以根据工程项目的具体情况对施工组织设计的编制内容进行取舍。

编制专门的施工安全专项方案，以减少现场安全事故，规定现场安全生产要求。现场安全主要包括结构安全、设备安全、人员安全和用火用电安全等。可参照的标准有《建筑机械使用安全技术规程》（JGJ 33—2012）、《施工现场临时用电安全技术规范》（JGJ 46—2005）、《建筑施工安全检查标准》（JGJ 59—2011）、《建设工程施工现场环境与卫生标准》（JGJ 146—2013）等。

（3）施工单位应根据装配式钢结构建筑的特点，选择合适的施工方法，制定合理的施工顺序，并应尽量减少现场支模和脚手架用量，提高施工效率。

本条规定装配式钢结构建筑的施工应根据部品部件工厂化生产、现场装配化施工的特点，采用合适的安装工法，并合理安排协调好各专业工种的交叉作业，提高施工效率。

（4）施工用的设备、机具、工具和计量器具，应满足施工要求，并应在合格检定有效期内。

装配式钢结构建筑工程施工期间，使用的机具和工具必须进行定期检验，保证达到使用要求的性能及各项指标。

（5）装配式钢结构建筑宜采用信息化技术，对安全、质量、技术、施工进度等进行全过程的信息化协同管理。宜采用建筑信息模型（BIM）技术对结构构件、建筑部品和设备管线等进行虚拟建造。

本条规定鼓励施工单位在项目管理的各个环节充分利用信息化技术，结合施工方案，进行虚拟建造、施工进度模拟，不仅可以提高施工效率，确保施工质量，而且可为施工单位精确制定人物料计划提供有效支撑，减少资源、物流、仓储等环节的浪费。

（6）装配式钢结构建筑应遵守国家环境保护的法规和标准，采取有效措施减少各种粉尘、废弃物、噪声等对周围环境造成的污染和危害；并应采取可靠有效的防火等安全措施。

本条规定了安全、文明、绿色施工的要求。

施工扬尘是最主要的大气污染源之一。施工中应采取降尘措施，降低大气总悬浮颗粒物浓度。施工中的降尘措施包括对易飞扬物质的洒水、覆盖、遮挡，对出入车辆的清洗、封闭，对易产生扬尘施工工艺的降尘措施等。

建筑施工废弃物对环境产生较大影响，同时建筑施工废弃物的产出，也意味着资源的浪费。因此减少建筑施工废弃物的产生，涉及节地、节能、节材和保护环境这一可持续发展的综合性问题。废弃物控制应在材料采购、材料管理、施工管理的全过程实施，应分类收集、集中堆放，尽量回收和再利用。

施工噪声是影响周边居民生活的主要因素之一。现行国家标准《建筑施工场界环境噪声排放标准》（GB 12523—2011）是施工噪声排放管理的依据。应采取降低噪声和噪声传播的有效措施，包括采用低噪声设备，运用吸声、消声、隔声、隔振等降噪措施，降低施工机械噪声影响。

（7）施工单位应对装配式钢结构建筑的现场施工人员进行相应专业的培训。

装配式钢结构建筑施工应配备相关专业技术人员，施工前应对相关人员进行专业培训和技术交底。

（8）施工单位应对进场的部品部件进行检查，合格后方可使用。

二、结构系统施工安装

（1）钢结构施工应符合现行国家标准《钢结构工程施工规范》（GB 50755—2012）和《钢结构工程施工质量验收规范》（GB 50205—2001）的规定。

（2）钢结构施工前应进行施工阶段设计，选用的设计指标应符合设计文件和现行国家标准《钢结构设计规范》（GB 50017—2017）等的规定。施工阶段结构分析的荷载效应组合和荷载分项系数取值，应符合现行国家标准《建筑结构荷载规范》（GB 50009—2012）和《钢结构工程施工规范》（GB 50755—2012）的规定。

（3）钢结构应根据结构特点选择合理顺序进行安装，并应形成稳固的空间单元，必要时应增加临时支撑或临时措施。

本条规定的合理顺序需考虑到平面运输、结构体系转换、测量校正、精度调整及系统构成等因素。安装阶段的结构稳定性对保证施工安全和安装精度非常重要，构件在安装就位后，应利用其他相邻构件或采用临时措施进行固定。临时支撑或临时措施应能承受结构自重、施工荷载、风荷载、雪荷载、吊装产生的冲击荷载等荷载的作用，并且不使结构产生永久变形。

（4）高层钢结构安装时应计入竖向压缩变形对结构的影响，并应根据结构特点和影响程度采取预调安装标高、设置后连接构件等措施。

高层钢结构安装时，随着楼层升高结构承受的荷载将不断增加，这对已安装完成的竖向结构将产生竖向压缩变形，同时也对局部构件（如伸臂桁架杆件）产生附加应力和弯矩。在编制安装方案时，应根据设计文件的要求，并结合结构特点以及竖向变形对结构的影响程度，考虑是否需要采取预调安装标高、设置后连接构件固定等措施。

（5）钢结构施工期间，应对结构变形、环境变化等进行过程监测，监测方法、内容及部位应根据设计或结构特点确定。

钢结构工程施工监测内容主要包括结构变形监测、环境变化监测（如温差、日照、风荷载等外界环境因素对结构的影响）等。不同的钢结构工程，监测内容和方法不尽相同。一般情况下，监测点宜布置在监测对象的关键部位以便布设少量的监测点，仍可获得客观准确监测结果。

（6）钢结构现场焊接工艺和质量应符合现行国家标准《钢结构焊接规范》（GB 50661—2011）和《钢结构工程施工质量验收规范》（GB 50205—2001）的规定。

（7）钢结构紧固件连接工艺和质量应符合国家现行标准《钢结构工程施工规范》（GB 50755—2012）、《钢结构工程施工质量验收规范》（GB 50205—2001）和《钢结构高强度螺栓连接技术规程》（JGJ 82—2011）的规定。

（8）钢结构现场涂装应符合下列规定：

①构件在运输、存放和安装过程中损坏的涂层以及安装连接部位的涂层应进行现场补漆，并应符合原涂装工艺要求。

②构件表面的涂装系统应相互兼容。

③防火涂料应符合国家现行有关标准的规定。

④现场防腐和防火涂装应符合现行国家标准《钢结构工程施工规范》（GB 50755—2012）和《钢结构工程施工质量验收规范》（GB 50205—2001）的规定。

本条主要规定现场涂装要求。

标题①中所述，构件在运输、安装过程中涂层碰损、焊接烧伤等，应根据原涂装规定进行补漆；表面涂有工程底漆的构件，因焊接、火焰校正、暴晒和擦伤等造成重新锈蚀或附有白锌盐时，应经表面处理后再按原涂装规定进行补漆。

标题②中的兼容性是指构件表面防腐油漆的底层漆、中间漆和面层漆之间的搭配相互兼容，以及防腐油漆与防火涂料相互兼容，以保证涂装系统的质量。整个涂装体系的产品应尽量来自于同一厂家，以保证涂装质量的可追溯性。

（9）钢管内的混凝土浇筑应符合现行国家标准《钢管混凝土结构技术规范》（GB 50936—2014）和《钢-混凝土组合结构施工规范》（GB 50901—2013）的规定。

（10）压型钢板组合楼板和钢筋桁架楼承板组合楼板的施工应按现行国家标准《钢-混凝土组合结构施工规范》（GB 50901—2013）执行。

（11）混凝土叠合板施工应符合下列规定：

①应根据设计要求或施工方案设置临时支撑。

②施工荷载应均匀布置，且不超过设计规定。

③端部的搁置长度应符合设计或国家现行有关标准的规定。

④叠合层混凝土浇筑前，应按设计要求检查结合面的粗糙度及外露钢筋。

混凝土叠合板施工应考虑两阶段受力特点，施工时应采取质量保证措施避免产生裂缝。

（12）预制混凝土楼梯的安装应符合国家现行标准《混凝土结构工程施工规范》（GB 50666—2011）和《装配式混凝土结构技术规程》（JGJ 1—2014）的规定。

（13）钢结构工程测量应符合下列规定：

①钢结构安装前应设置施工控制网；施工测量前，应根据设计图和安装方案，编制测量专项方案。

②施工阶段的测量应包括平面控制、高程控制和细部测量。

三、外围护系统安装

（1）外围护部品安装宜与主体结构同步进行，可在安装部位的主体结构验收合格后进行。

外围护系统可在一个流水段主体结构分项工程验收合格后，与主体结构同步施工，但应采取可靠防护措施，避免施工过程中损坏已安装墙体及保证作业人员安全。

（2）安装前的准备工作应符合下列规定：

①对所有进场部品、零配件及辅助材料应按设计规定的品种、规格、尺寸和外观要求进行检查，并应有合格证和性能检测报告。

②应进行技术交底。

③应将部品连接面清理干净，并对预埋件和连接件进行清理和防护。

④应按部品排板图进行测量放线。

本条主要对施工安装前的准备工作作相应要求。

标题①围护部品零配件及辅助材料的品种、规格、尺寸和外观要求应在设计文件中明确规定，安装时应按设计要求执行。对进场部品、辅材、保温材料、密封材料等应按相关规范、标准及设计文件进行质量检查和验收，不得使用不合格和过期的材料。

标题④应根据控制线，结合图纸放线，在底板上弹出水平位置控制线；并将控制线引到钢梁、钢柱上。

（3）部品吊装应采用专用吊具，起吊和就位应平稳，防止磕碰。

围护部品起吊和就位时，对吊点应进行复核，对于尺寸较大的构件，宜采用分配梁等措施，起吊过程应保持平稳，确保吊装准确、可靠安全。

（4）预制外墙安装应符合下列规定：

①墙板应设置临时固定和调整装置。

②墙板应在轴线、标高和垂直度调校合格后方可永久固定。

③当条板采用双层墙板安装时，内层、外层墙板的拼缝宜错开。

④蒸压加气混凝土板施工应符合现行行业标准《蒸压加气混凝土建筑应用技术规程》（JGJ/T 17—2008）的规定。

预制外墙吊装就位后，应通过临时固定和调整装置，调整墙体轴线位置、标高、垂直度，接缝宽度等，经测量校核合格后，才能永久固定。为确保施工安全，墙板永久固定前，吊机不得松钩。

（5）现场组合骨架外墙安装应符合下列规定：

①竖向龙骨安装应平直，不得扭曲，间距应符合设计要求。

②空腔内的保温材料应连续、密实，并应在隐蔽验收合格后方可进行面板安装。

③面板安装方向及拼缝位置应符合设计要求，内外侧接缝不宜在同一根竖向龙骨上。

④木骨架组合墙体施工应符合现行国家标准《木骨架组合墙体技术规范》（GB/T 50361—2018）的规定。

（6）幕墙施工应符合下列规定：

①玻璃幕墙施工应符合现行行业标准《玻璃幕墙工程技术规范》（JGJ 102—2003）的规定。

②金属与石材幕墙施工应符合现行行业标准《金属与石材幕墙工程技术规范》（JGJ 133—2001）的规定。

③人造板材幕墙施工应符合现行行业标准《人造板材幕墙工程技术规范》（JGJ 336—2016）的规定。

（7）门窗安装应符合下列规定：

①铝合金门窗安装应符合现行行业标准《铝合金门窗工程技术规范》（JGJ 214—2010）的规定。

②塑料门窗安装应符合现行行业标准《塑料门窗工程技术规程》（JGJ 103—2008）的规定。

（8）安装完成后应及时清理并做好成品保护。

四、设备与管线系统安装

（1）设备与管线施工前应按设计文件核对设备及管线参数，并应对结构构件预埋套管及预留孔洞的尺寸、位置进行复核，合格后方可施工。

在结构构件加工制作阶段，应将各专业、各工种所需的预留孔洞、预埋件等设置完成，避免在施工现场进行剔凿、切割，伤及构件，影响质量及观感。

（2）设备与管线需要与钢结构构件连接时，宜采用预留埋件的连接方式。当采用其他连接方法时，不得影响钢结构构件的完整性与结构的安全性。

（3）应按管道的定位、标高等绘制预留套管图，在工厂完成套管预留及质量验收。

（4）在有防腐防火保护层的钢结构上安装管道或设备支（吊）架时，宜采用非焊接方式固定；采用焊接时应对被损坏的防腐防火保护层进行修补。

施工时应考虑工序穿插协调，在钢结构防腐防火涂料施工前应进行连接支（吊）架焊接固定。如不具备此条件，因安装支（吊）架而损坏的防护涂层应及时修补。

（5）管道波纹补偿器、法兰及焊接接口不应设置在钢梁或钢柱的预留孔中。

（6）设备与管线施工质量应符合设计文件和现行国家标准《建筑给水排水及采暖工程施工质量验收规范》（GB 50242—2002）、《通风与空调工程施工质量验收规范》（GB 50243—2016）、《智能建筑工程施工规范》（GB 50606—2010）、《智能建筑工程质量验收规范》（GB 50339—2013）、《建筑电气工程施工质量验收规范》（GB 50303—2015）和《火灾自动报警系统施工及验收规范》（GB 50166—2007）的规定。

（7）在架空地板内敷设给水排水管道时应设置管道支（托）架，并与结构可靠连接。

（8）室内供暖管道敷设在墙板或地面架空层内时，阀门部位应设检修口。

（9）空调风管及冷热水管道与支（吊）架之间，应有绝热衬垫，其厚度不应小于绝热层厚度，宽度应不小于支（吊）架支承面的宽度。

（10）防雷引下线、防侧击雷等电位联结施工应与钢构件安装做好施工配合。

（11）设备与管线施工应做好成品保护。

五、内装系统安装

（1）装配式钢结构建筑的内装系统安装应在主体结构工程质量验收合格后进行。

（2）装配式钢结构建筑内装系统安装应符合现行国家标准《建筑装饰装修工程质量验收规范》（GB 50210—2018）和《住宅装饰装修工程施工规范》（GB 50327—2001）等的规定，并应满足绿色施工要求。

（3）内装部品施工前，应做好下列准备工作：

①安装前应进行设计交底。

②应对进场部品进行检查，其品种、规格、性能应满足设计要求和符合国家现行标准的有关规定，主要部品应提供产品合格证书或性能检测报告。

③在全面施工前应先施工样板间，样板间应经设计、建设及监理单位确认。

本条规定了内装部品安装前的施工准备工作。在全面施工前，先进行样板间的施工，样板间施工中采用的材料、施工工艺以及达到的装饰效果应经过设计、建设及监理单位确认。

（4）安装过程中应进行隐蔽工程检查和分段（分户）验收，并形成检验记录。

（5）对钢梁、钢柱的防火板包覆施工应符合下列规定：

①支撑件应固定牢固，防火板安装应牢固稳定，封闭良好。

②防火板表面应洁净平整。

③分层包覆时，应分层固定，相互压缝。

④防火板接缝应严密、顺直，边缘整齐。

⑤采用复合防火保护时，填充的防火材料应为不燃材料，且不得有空鼓、外露。

（6）装配式隔墙部品安装应符合下列规定：

①条板隔墙安装应符合现行行业标准《建筑轻质条板隔墙技术规程》（JGJ/T 157—2014）

的有关规定。

②龙骨隔墙系统安装应符合下列规定：

a. 龙骨骨架与主体结构连接应采用柔性连接，并应竖直、平整、位置准确，龙骨的间距应符合设计要求。

b. 面板安装前，隔墙内管线、填充材料应进行隐蔽工程验收。

c. 面板拼缝应错缝设置，当采用双层面板安装时，上下层板的接缝应错开。

（7）装配式吊顶部品安装应符合下列规定：

①吊顶龙骨与主体结构应固定牢靠。

②超过 3 kg 的灯具、电扇及其他设备应设置独立吊挂结构。

③饰面板安装前应完成吊顶内管道管线施工，并应经隐蔽验收合格。

超过 3 kg 的灯具及电扇等有动荷载的物件，均应采用独立吊杆固定，严禁安装在吊顶龙骨上。吊顶板内的管线、设备在饰面板安装之前应作为隐蔽项目，调试验收完应作记录。

（8）架空地板部品安装应符合下列规定：

①安装前应完成架空层内管线敷设，并应经隐蔽验收合格。

②当采用地板辐射供暖系统时，应对地暖加热管进行水压试验并隐蔽验收合格后铺设面层。

对本条作如下说明：

标题①中架空层内的给水、中水、供暖管道及电路配管，应严格按照设计路由及放线位置敷设，以避免架空地板的支撑脚与已敷设完毕的管道打架。同时便于后期检修及维护。

标题②中宜在地暖加热管保持水压的情况下铺设面层，以及时发现铺设面层时对已隐蔽验收合格的管道产生破坏。

（9）集成式卫生间部品安装前应先进行地面基层和墙面防水处理，并做闭水试验。

集成卫生间安装前，应先进行地面基层和墙面的防水处理，防水处理施工及质量控制可按照现行国家标准《住宅装饰装修工程施工规范》（GB 50327—2001）中防水工程的规定执行。

（10）集成式厨房部品安装应符合下列规定：

①橱柜安装应牢固，地脚调整应从地面水平最高点向最低点，或从转角向两侧调整。

②采用油烟同层直排设备时，风帽应安装牢固，与外墙之间的缝隙应密封。

对本条作如下说明：

标题②中当采用油烟同层直排设备时，风帽管道应与排烟管道有效连接。风帽不应直接固定于外墙面，以避免破坏外墙保温系统。

第四节　质量验收

一、一般规定

（1）装配式钢结构建筑的验收应符合现行国家标准《建筑工程施工质量验收统一标准》

（GB 50300—2013）及相关标准的规定。当国家现行标准对工程中的验收项目未作具体规定时，应由建设单位组织设计、施工、监理等相关单位制定验收要求。

（2）同一厂家生产的同批材料、部品，用于同期施工且属于同一工程项目的多个单位工程，可合并进行进场验收。

（3）部品部件应符合国家现行有关标准的规定，并应具有产品标准、出厂检验合格证、质量保证书和使用说明文件书。

许多部品部件的生产来自多种行业，应分别符合机械、建筑、建材、电工、林产、化工、家具、家电等行业标准，有的还应取得技术质量监督局的认定或第三方认证。组成建筑系统后某些性能和安装状态还要同时满足有关建筑标准，所以在验收时对这样的部品部件还要查验有关产品文件。

二、结构系统验收

（1）钢结构、组合结构的施工质量要求和验收标准应按现行国家标准《钢结构工程施工质量验收规范》（GB 50205—2001）、《钢管混凝土工程施工质量验收规范》（GB 50628—2010）和《混凝土结构工程施工质量验收规范》（GB 50204—2015）的有关规定执行。

除纯钢结构外，装配式钢结构建筑中还可能会用到钢管混凝土柱或者钢-混凝土组合梁、压型钢板组合楼板等，因此也要做好这些构件的验收。

（2）钢结构主体工程焊接工程验收应按现行国家标准《钢结构工程施工质量验收规范》（GB 50205—2001）的有关规定，在焊前检验、焊中检验和焊后检验基础上按设计文件和现行国家标准《钢结构焊接规范》（GB 50661—2011）的规定执行。

（3）钢结构主体工程紧固件连接工程应按现行国家标准《钢结构工程施工质量验收规范》（GB 50205—2001）规定的质量验收方法和质量验收项目执行，同时尚应符合现行行业标准《钢结构高强度螺栓连接技术规程》（JGJ 82—2011）的规定。

（4）钢结构防腐蚀涂装工程应按国家现行标准《钢结构工程施工质量验收规范》（GB 50205—2001）、《建筑防腐蚀工程施工规范》（GB 50212—2014）、《建筑防腐蚀工程施工质量验收规范》（GB 50224）和《建筑钢结构防腐蚀技术规程》（JGJ/T 251—2011）的规定进行验收；金属热喷涂防腐和热镀锌防腐工程，应按现行国家标准《热喷涂　金属和其他无机覆盖层　锌、铝及其合金》（GB/T 9793—2012）和《热喷涂　金属零部件表面的预处理》（GB 11373—2017）等的有关规定进行质量验收。

（5）钢结构防火涂料的粘结强度、抗压强度应符合现行国家标准《钢结构工程施工质量验收规范》（GB 50205—2001）的规定，试验方法应符合现行国家标准《建筑构件耐火试验方法》（GB/T 9978—2008）的规定；防火板及其他防火包覆材料的厚度应符合现行国家标准《建筑设计防火规范》（GB 50016—2014）关于耐火极限的设计要求。

（6）装配式钢结构建筑的楼板及屋面板应按下列标准进行验收：

①压型钢板组合楼板和钢筋桁架楼承板组合楼板应现行国家标准《钢结构工程施工质量验收规范》（GB 50205—2001）和《混凝土结构工程施工质量验收规范》（GB 50204—2015）

的有关规定进行验收。

②预制带肋底板混凝土叠合楼板应按现行行业标准《预制带肋底板混凝土叠合楼板技术规程》（JGJ/T 258—2011）的规定进行验收。

③预制预应力空心板叠合楼板应按现行国家标准《预应力混凝土空心板》（GB/T 14040—2007）和《混凝土结构工程施工质量验收规范》（GB 50204—2015）的规定进行验收。

④混凝土叠合楼板应按国家现行标准《混凝土结构工程施工质量验收规范》（GB 50204—2015）和《装配式混凝土结构技术规程》（JGJ 1—2014）的规定进行验收。

（7）钢楼梯应按现行国家标准《钢结构工程施工质量验收规范》（GB 50205—2001）的规定进行验收，预制混凝土楼梯应按国家现行标准《混凝土结构工程施工质量验收规范》（GB 50204—2015）和《装配式混凝土结构技术规程》（JGJ 1—2014）的规定进行验收。

（8）安装工程可按楼层或施工段等划分为一个或若干个检验批。地下钢结构可按不同地下层划分检验批。钢结构安装检验批应在进场验收和焊接连接、紧固件连接、制作等分项工程验收合格的基础上进行验收。

三、外围护系统验收

（1）外围护系统质量验收应根据工程实际情况检查下列文件和记录：

①施工图或竣工图、性能试验报告、设计说明及其他设计文件。

②外围护部品和配套材料的出厂合格证、进场验收记录。

③施工安装记录。

④隐蔽工程验收记录。

⑤施工过程中重大技术问题的处理文件、工作记录和工程变更记录。

（2）外围护系统应在验收前完成下列性能的试验和测试：

①抗压性能、层间变形性能、耐撞击性能、耐火极限等实验室检测。

②连接件材性、锚栓拉拔强度等检测。

（3）外围护系统应根据工程实际情况进行下列现场试验和测试：

①饰面砖（板）的粘结强度测试。

②墙板接缝及外门窗安装部位的现场淋水试验。

③现场隔声测试。

④现场传热系数测试。

进行连接件材性试验时，应现场取样后送实验室检测；锚栓拉拔强度应进行现场检测。

（4）外围护部品应完成下列隐蔽项目的现场验收：

①预埋件。

②与主体结构的连接节点。

③与主体结构之间的封堵构造节点。

④变形缝及墙面转角处的构造节点。

⑤防雷装置。

⑥防火构造。

（5）外围护系统的分部分项划分应满足国家现行标准的相关要求，检验批划分应符合下列规定：

①相同材料、工艺和施工条件的外围护部品每 1 000 m² 应划分为一个检验批，不足 1 000 m² 也应划分为一个检验批。

②每个检验批每 100 m² 应至少抽查一处，每处不得小于 10 m²。

③对于异形、多专业综合或有特殊要求的外围护部品，国家现行相关标准未作出规定时，检验批的划分可根据外围护部品的结构、工艺特点及外围护部品的工程规模，由建设单位组织监理单位和施工单位协商确定。

（6）当外围护部品与主体结构采用焊接或螺栓连接时，连接部位验收可按现行国家标准《钢结构工程施工质量验收规范》（GB 50205—2001）和《钢结构焊接规范》（GB 50661—2011）的规定执行。

（7）外围护系统的保温和隔热工程质量验收应按现行国家标准《建筑节能工程施工质量验收规范》（GB 50411—2007）的规定执行。

（8）外围护系统的门窗工程、涂饰工程质量验收应按现行国家标准《建筑装饰装修工程质量验收规范》（GB 50210—2018）的规定执行。

（9）蒸压加气混凝土外墙板质量验收应按现行行业标准《蒸压加气混凝土建筑应用技术规程》（JGJ/T 17—2008）的规定执行。

（10）木骨架组合外墙系统质量验收应按现行国家标准《木骨架组合墙体技术规范》（GB/T 50361—2018）的规定执行。

（11）幕墙工程质量验收应按现行行业标准《玻璃幕墙工程技术规范》（JGJ 102—2003）、《金属与石材幕墙工程技术规范》（JGJ 133—2001）和《人造板材幕墙工程技术规范》（JGJ 336—2016）的规定执行。

（12）屋面工程质量验收应按现行国家标准《屋面工程质量验收规范》（GB 50207—2012）的规定执行。

四、设备与管线系统验收

（1）建筑给水排水及采暖工程的施工质量要求和验收标准应按现行国家标准《建筑给水排水及采暖工程施工质量验收规范》（GB 50242—2002）的规定执行。

（2）自动喷水灭火系统的施工质量要求和验收标准应按现行国家标准《自动喷水灭火系统施工及验收规范》（GB 50261—2017）的规定执行。

（3）消防给水系统及室内消火栓系统的施工质量要求和验收标准应按现行国家标准《消防给水及消火栓系统技术规范》（GB 50974—2014）的规定执行。

（4）通风与空调工程的施工质量要求和验收标准应按现行国家标准《通风与空调工程施工质量验收规范》（GB 50243—2016）的规定执行。

（5）建筑电气工程的施工质量要求和验收标准应按现行国家标准《建筑电气工程施工质

量验收规范》（GB 50303—2015）的规定执行。

（6）火灾自动报警系统的施工质量要求和验收标准应按现行国家标准《火灾自动报警系统施工及验收规范》（GB 50166—2007）的规定执行。

（7）智能化系统的施工质量要求和验收标准应按现行国家标准《智能建筑工程质量验收规范》（GB 50339—2013）的规定执行。

以上标题（1）~标题（7）各机电系统分部工程和分项工程的划分、验收方法均应按照相关的专业验收规范执行。

（8）暗敷在轻质墙体、楼板和吊顶中的管线、设备应在验收合格并形成记录后方可隐蔽。

（9）管道穿过钢梁时的开孔位置、尺寸和补强措施，应满足设计图纸要求并应符合现行行业标准《高层民用建筑钢结构技术规程》（JGJ 99—2015）的规定。

五、内装系统验收

（1）装配式钢结构建筑内装系统工程宜与结构系统工程同步施工，分层分阶段验收。

（2）内装工程验收应符合下列规定：

①对住宅建筑内装工程应进行分户质量验收、分段竣工验收。

②对公共建筑内装工程应按照功能区间进行分段质量验收。

对本条作如下说明：

①分户质量验收，即"一户一验"，是指住宅工程在按照国家有关规范、标准要求进行工程竣工验收时，对每一户住宅及单位工程公共部位进行专门验收；住宅建筑分段竣工验收是指按照施工部位，某几层划分为一个阶段，对这一个阶段进行单独验收。

②公共建筑分段质量验收是指按照施工部位，某几层或某几个功能区间划分为一个阶段，对这一个阶段进行单独验收。

（3）装配式内装系统质量验收应符合国家现行标准《建筑装饰装修工程质量验收规范》（GB 50210—2018）、《建筑轻质条板隔墙技术规程》（JGJ/T 157—2014）和《公共建筑吊顶工程技术规程》（JGJ 345—2014）等的有关规定。

（4）室内环境的验收应在内装工程完成后进行，并应符合现行国家标准《民用建筑工程室内环境污染控制规范（2013 年版）》（GB 50325—2010）的有关规定。

六、竣工验收

（1）单位工程质量验收应按现行国家标准《建筑工程施工质量验收统一标准》（GB 50300—2013）的规定执行，单位（子单位）工程质量验收合格应符合下列规定：

①所含分部（子分部）工程的质量均应验收合格。

②质量控制资料应完整。

③所含分部工程中有关安全、节能、环境保护和主要使用功能的检验资料应完整。

④主要使用功能的抽查结果应符合相关专业验收规范的规定。

⑤观感质量应符合要求。

（2）竣工验收的步骤可按验前准备、竣工预验收和正式验收三个环节进行。单位工程完工后，施工单位应组织有关人员进行自检。总监理工程师应组织各专业监理工程师对工程质量进行竣工预验收。建设单位收到工程竣工验收报告后，应由建设单位项目负责人组织监理、施工、设计、勘察等单位项目负责人进行单位工程验收。

（3）施工单位应在交付使用前与建设单位签署质量保修书，并提供使用、保养、维护说明书。

（4）建设单位应当在竣工验收合格后，按《建设工程质量管理条例》的规定向备案机关备案，并提供相应的文件。

第五节　使用维护

一、一般规定

（1）装配式钢结构建筑的设计文件应注明其设计条件、使用性质及使用环境。

建筑的设计条件、使用性质及使用环境，是建筑设计、施工、验收、使用与维护的基本前提，尤其是建筑装饰装修荷载和使用荷载的改变，对建筑结构的安全性有直接影响。相关内容也是《建筑使用说明书》的编制基础。

（2）装配式钢结构建筑的建设单位在交付物业时，应按国家有关规定的要求，提供《建筑质量保证书》和《建筑使用说明书》。

当建筑使用性质为住宅时，即为《住宅质量保证书》和《住宅使用说明书》，此时建设单位即为房地产开发企业。

按原建设部《商品住宅实行住宅质量保证书和住宅使用说明书制度的规定》，房地产开发企业应当在商品房交付使用时向购买人提供《住宅质量保证书》和《住宅使用说明书》。

《住宅质量保证书》是房地产开发企业对所售商品房承担质量责任的法律文件，其中应当列明工程质量监督单位核验的质量等级、保修范围、保修期和保修单位等内容，房地产开发企业应按《住宅质量保证书》的约定，承担保修责任。

《住宅使用说明书》是指住宅出售单位在交付住宅时提供给业主的，告知住宅安全、合理、方便使用及相关事项的文本，应当载明房屋建筑的基本情况、设计使用寿命、性能指标、承重结构位置、管线布置、附属设备、配套设施及使用维护保养要求、禁止事项等。住宅中配置的设备、设施，生产厂家另有使用说明书的，应附于《住宅使用说明书》中。

《物业管理条例》同时要求，在办理物业承接验收手续时，建设单位应当向物业服务企业移交物业质量保修文件和物业使用说明文件、竣工图等竣工验收资料、设施设备的安装、使用与维护保养等技术资料。

国内部分省市已经明确将实行住宅质量保证书和住宅使用说明书制度的范围扩展到所有房屋建筑工程。鉴于装配式钢结构建筑使用与维护的特殊性，有条件时，也应执行建筑质量保证书和使用说明书制度，向业主和物业服务企业提供。

（3）《建筑质量保证书》除应按现行有关规定执行外，尚应注明相关部品部件的保修期限与保修承诺。

《建设工程质量管理条例》等对建筑工程最低保修期限作出了规定。另外，针对装配式钢结构建筑的特点，提出了相应部品部件的质量要求。

（4）《建筑使用说明书》除应按现行有关规定执行外，尚应包含以下内容：

①二次装修、改造的注意事项，应包含允许业主或使用者自行变更的部分与禁止部分。

②建筑部品部件生产厂、供应商提供的产品使用维护说明书，主要部品部件宜注明合理的检查与使用维护年限。

本条内容主要是为保证装配式钢结构建筑功能性、安全性和耐久性，为业主或使用者提供方便的要求。

根据《住宅室内装饰装修管理办法》的规定，室内装饰装修活动严禁：未经原设计单位或者具有相应资质等级的设计单位提出设计方案，变动建筑主体和承重结构；将没有防水要求的房间或者阳台改为卫生间、厨房间；扩大承重墙上原有的门窗尺寸，拆除连接阳台的砖、混凝土墙体；损坏房屋原有节能设施，降低节能效果；其他影响建筑结构和使用安全的行为。

装配式钢结构建筑在使用过程中的二次装修、改造，应严格执行相应规定。

（5）建设单位应当在交付销售物业之前，制定临时管理规约，除应满足相关法律、法规要求外，尚应满足设计文件和《建筑使用说明书》的有关要求。

根据《物业管理条例》的规定，建设单位应当在销售物业之前，制定临时管理规约，对有关物业的使用、维护、管理，业主的共同利益，业主应当履行的义务，违反管理规约应当承担的责任等事项依法作出约定。

（6）建设单位移交相关资料后，业主与物业服务企业应按法律法规要求共同制定物业管理规约，并宜制订《检查与维护更新计划》。

制订《检查与维护更新计划》进行物业的维护和管理，在发达国家已逐步成为建筑法规的明文规定。有条件时，应在建筑的使用与维护中执行这一要求。

（7）使用与维护宜采用信息化手段，建立建筑、设备与管线等的管理档案。当遇地震、火灾等灾害时，灾后应对建筑进行检查，并视破损程度进行维修。

本条是在条件允许时将建筑信息化手段用于建筑全寿命期使用与维护的要求。地震或火灾后，应对建筑进行全面检查，必要时应提交房屋质量检测机构进行评估，并采取相应的措施。强台风灾害后，也宜进行外围护系统的检查。

二、结构系统使用维护

（1）《建筑使用说明书》应包含主体结构设计使用年限、结构体系、承重结构位置、使用荷载、装修荷载、使用要求、检查与维护等。

（2）物业服务企业应根据《建筑使用说明书》，在《检查与维护更新计划》中建立对主体结构的检查与维护制度，明确检查时间与部位。检查与维护的重点应包括主体结构损伤、建筑渗水、钢结构锈蚀、钢结构防火保护损坏等可能影响主体结构安全性和耐久性的内容。

（3）业主或使用者不应改变原设计文件规定的建筑使用条件、使用性质及使用环境。

建筑使用条件、使用性质及使用环境与主体结构设计使用年限内的安全性、适用性和耐久性密切相关，不得擅自改变。如确因实际需要作出改变时，应按有关规定对建筑进行评估。

（4）装配式钢结构建筑的室内二次装修、改造和使用中，不应损伤主体结构。

为确保主体结构的可靠性，在建筑二次装修、改造和整个建筑的使用过程中，不应对钢结构采取焊接、切割、开孔等损伤主体结构的行为。

（5）建筑的二次装修、改造和使用中发生下述行为之一者，应经原设计单位或具有相应资质的设计单位提出设计方案，并按设计规定的技术要求进行施工及验收。

①超过设计文件规定的楼面装修或使用荷载。

②改变或损坏钢结构防火、防腐蚀的相关保护及构造措施。

③改变或损坏建筑节能保温、外墙及屋面防水相关的构造措施。

国内外钢结构建筑的使用经验表明，在正常维护和室内环境下，主体结构在设计使用年限内一般不存在耐久性问题。但是，破坏建筑保温、外围护防水等导致的钢结构结露、渗水受潮，以及改变和损坏防火、防腐保护等，将加剧钢结构的腐蚀。

（6）二次装修、改造中改动卫生间、厨房、阳台防水层的，应按现行相关防水标准制定设计、施工技术方案，并进行闭水试验。

三、外围护系统使用与维护

（1）《建筑使用说明书》中有关外围护系统的部分，宜包含下列内容：

①外围护系统基层墙体和连接件的使用年限及维护周期。

②外围护系统外饰面、防水层、保温以及密封材料的使用年限及维护周期。

③外墙可进行吊挂的部位、方法及吊挂力。

④日常与定期的检查与维护要求。

（2）物业服务企业应依据《建筑使用说明书》，在《检查与维护更新计划》中规定对外围护系统的检查与维护制度，检查与维护的重点应包括外围护部品外观、连接件锈蚀、墙屋面裂缝及渗水、保温层破坏、密封材料的完好性等，并形成检查记录。

外围护系统的检查与维护，既是保证围护系统本身和建筑功能的需要，也是防止围护系统破坏引起钢结构腐蚀问题的要求。物业服务企业发现围护系统有渗水现象时，应及时修理，并确保修理后原位置的水密性能符合相关要求。密封材料如密封胶等的耐久性问题，应尤其关注。

在建筑室内装饰装修和使用中，严禁对围护系统的切割、开槽、开洞等损伤行为，不得破坏其保温和防水做法，在外围护系统的检查与维护中应重点关注。

（3）当遇地震、火灾后，应对外围护系统进行检查，并视破损程度进行维修。

地震或火灾后，对外围护系统应进行全面检查，必要时应提交房屋质量检测机构进行评估，并采取相应的措施。有台风灾害的地区，当强台风灾害后，也应进行外围护系统检查。

（4）业主与物业服务企业应根据《建筑质量保证书》和《建筑使用说明书》中建筑外围护部品及配件的设计使用年限资料，对接近或超出使用年限的进行安全性评估。

四、设备与管线系统使用维护

（1）《建筑使用说明书》应包含设备与管线的系统组成、特性规格、部品寿命、维护要求、使用说明等。物业服务企业应在《检查与维护更新计划》中规定对设备与管线的检查与维护制度，保证设备与管线系统的安全使用。

设备与管线分为公共部位和业主（或使用者）自用部位两部分，物业服务企业应在《检查与维护更新计划》中覆盖公共部位以及自用部分对建筑功能性、安全性和耐久性带来影响的设备及管线。

业主（或使用者）自用部位设备及管线的使用和维护，应在《建筑使用说明书》的指导下进行。有需要时，可委托物业服务企业，或通过物业服务企业联系部品生产厂家进行维护。

（2）公共部位及其公共设施设备与管线的维护重点包括水泵房、消防泵房、电机房、电梯、电梯机房、中控室、锅炉房、管道设备间、配电间（室）等，应按《检查与维护更新计划》进行定期巡检和维护。

（3）装修改造时，不应破坏主体结构、外围护系统。

自行装修的管线敷设宜采用与主体结构和围护系统分离的模式，尽量避免墙体的开槽、切割。

（4）智能化系统的维护应符合国家现行标准的规定，物业服务企业应建立智能化系统的管理和维护方案。

五、内装系统使用维护

（1）《建筑使用说明书》应包含内装系统做法、部品寿命、维护要求、使用说明等。

装配式钢结构建筑全装修交付时，《建筑使用说明书》应包括内装的使用和维护内容。装配式钢结构建筑的内装分为公共部位和业主（或使用者）自用部位，物业服务企业应在《检查与维护更新计划》中覆盖公共部位以及自用部位中影响整体建筑的内装。

业主（或使用者）自用部位内装的使用和维护，应遵照《建筑使用说明书》，也可根据需要求助于物业服务企业，或通过物业服务企业联系部品生产厂家进行维护。

（2）内装维护和更新时所采用的部品和材料，应满足《建筑使用说明书》中相应的要求。

本条是保证建筑内装在维护和更新后，其防火、防水、保温、隔声和健康舒适性等性能不至下降太多。

（3）正常使用条件下，装配式钢结构住宅建筑的内装工程项目质量保修期限不应低于2年，有防水要求的厨房、卫生间等的防渗漏不应低于5年。

《住宅室内装饰装修管理办法》（中华人民共和国建设部令 第110号）中对住宅室内装饰装修工程质量的保修期有规定，"在正常使用条件下，住宅室内装饰装修工程的最低保修期限为两年，有防水要求的厨房、卫生间和外墙面的防渗漏为5年。保修期自工程竣工验收合格之日起计算"。建设单位可视情况在此基础上提高保修期限的要求，提升装配式钢结构建筑的品质。

（4）内装工程项目应建立易损部品部件备用库，保证使用维护的有效性及时效性。

第六章 装配式木结构建筑技术标准

《装配式木结构建筑技术标准》（GB/T 51233—2016）的主要技术内容有：①总则；②术语；③材料；④基本规定；⑤建筑设计；⑥结构设计；⑦连接设计；⑧防护；⑨制作、运输和储存；⑩安装；⑪验收；⑫使用和维护。

重点学好用好材料；基本规定；防护；制作、运输和储存；安装；验收；使用维护等。

第一节 材料

一、木材

（1）装配式木结构采用的木材应经工厂加工制作，并应分等分级。木材的力学性能指标、材质要求、材质等级和含水率要求应符合现行国家标准《木结构设计规范》（GB 50005—2017）和《胶合木结构技术规范》（GB/T 50708—2012）的规定。

装配式木结构用木材可分为方木、板材、规格材、层板胶合木、正交胶合木、结构复合木材、木基结构板和其他结构用锯材。这些木质材料的力学性能指标、材质要求和材质等级、含水率等都应符合现行国家标准《木结构设计规范》（GB 50005—2017）和《胶合木结构技术规范》（GB/T 50708—2012）的规定。对于材料力学性能指标在现行国家标准中没有列出的新材料，其力学性能指标应按现行国家标准《木结构设计规范》（GB 50005—2017）的规定进行确定。

（2）装配式木结构采用的层板胶合木构件的制作应符合现行国家标准《胶合木结构技术规范》（GB/T 50708—2012）和《结构用集成材》（GB/T 26899—2011）的规定。

（3）装配式木结构用木材及预制木结构构件燃烧性能及耐火极限应符合现行国家标准《建筑设计防火规范》（GB 50016—2014）、《木结构设计规范》（GB 50005—2017）和《多高层木结构建筑技术标准》（GB/T 51226—2017）的规定。选用的木材阻燃剂应符合现行国家标准《阻燃木材及阻燃人造板生产技术规范》（GB/T 29407—2012）的规定。

装配式木结构建筑的防火设计应符合现行国家标准《建筑设计防火规范》（GB 50016—2014）和《木结构设计规范》（GB 50005—2017）的规定。对于多高层装配式木结构建筑的防火设计还应符合现行国家标准《多高层木结构建筑技术标准》（GB/T 51226—2017）的规定。

本标准未对防火设计另行规定。

（4）用于装配式木结构的防腐木材应采用天然抗白蚁木材、经防腐处理的木材或天然耐久木材。防腐木材和防腐剂应符合现行国家标准《木材防腐剂》（GB/T 27654—2011）、《防腐木材的使用分类和要求》（GB/T 27651—2011）、《防腐木材工程应用技术规范》（GB 50828—2012）和《木结构工程施工质量验收规范》（GB 50206—2012）的规定。

（5）预制木结构组件应经过质量检验，并应标识。组件的使用条件、安装要求应明确，并应有相应的说明文件。

二、钢材与金属连接件

目前我国木结构工程中大量使用进口的金属连接件和进口的金属齿板，国外进口金属连接件其质量应符合相关的产品要求或应符合工程设计的要求，并应符合合同条款的规定，必要时应对其材料进行复验。

（1）装配式木结构中使用的钢材宜采用 Q235 钢、Q345 钢和 Q390 钢，并应符合现行国家标准《碳素结构钢》（GB/T 700—2006）和《低合金高强度结构钢》（GB/T 1591—2018）的规定。当采用其他牌号的钢材时，应符合国家现行有关标准的规定。

（2）连接用钢材应具有抗拉强度、伸长率、屈服强度和硫、磷含量的合格保证，对焊接构件或连接件尚应有含碳量的合格保证，并应符合现行国家标准《钢结构设计标准》（GB 50017—2017）的规定。

（3）下列情况的承重构件或连接材料宜采用 D 级碳素结构钢或 D 级、E 级低合金高强度结构钢：

①直接承受动力荷载或振动荷载的焊接构件或连接件。

②工作温度等于或低于−30℃的构件或连接件。

（4）连接件应符合下列规定：

①普通螺栓应符合现行国家标准《六角头螺栓 C 级》（GB/T 5780—2016）和《六角头螺栓》（GB/T 5782—2016）的规定。

②高强度螺栓应符合现行国家标准《钢结构用高强度大六角头螺栓》（GB/T 1228—2006）、《钢结构用高强度大六角螺母》（GB/T 1229—2006）、《钢结构用高强度垫圈》（GB/T 1230—2006）、《钢结构用高强度大六角头螺栓、大六角螺母、垫圈技术条件》（GB/T 1231—2006）或《钢结构用扭剪型高强度螺栓连接副技术条件》（GB/T 3632—2008）的规定。

③锚栓宜采用 Q235 钢或 Q345 钢。

④木螺钉应符合现行国家标准《十字槽沉头木螺钉》（GB 951—1986）和《开槽沉头木螺钉》（GB/T 100—1986）的规定。

⑤钢钉应符合现行国家标准《钢钉》（GB 27704—2011）的规定。

⑥自钻自攻螺钉应符合现行国家标准《十字槽盘头自钻自攻螺钉》（GB/T 15856.1—2002）和《十字槽沉头自钻自攻螺钉》（GB/T 15856.2—2002）的规定。

⑦螺钉、螺栓应符合现行国家标准《紧固件　螺栓和螺钉通孔》（GB/T 5277—1985）、《紧

固件机械性能　螺栓、螺钉和螺柱》(GB/T 3098.1—2010)、《紧固件机械性能　螺母》(GB/T 3098.2—2015)、《紧固件机械性能　自攻螺钉》(GB/T 3098.5—2016)、《紧固件机械性能　不锈钢螺栓、螺钉和螺柱》(GB/T 3098.6—2014)、《紧固件机械性能　自钻自攻螺钉》(GB/T 3098.11—2002)和《紧固件机械性能　不锈钢螺母》(GB/T 3098.15—2014)等的规定。

⑧预埋件、挂件、金属附件及其他金属连接件所用钢材及性能应满足设计要求。

(5)处于潮湿环境的金属连接件应经防腐蚀处理或采用不锈钢产品。与经过防腐处理的木材直接接触的金属连接件应采取防止被药剂腐蚀的措施。

(6)处于外露环境并对耐腐蚀有特殊要求或受腐蚀性气态和固态介质作用的钢构件,宜采用耐候钢,并应符合现行国家标准《耐候结构钢》(GB/T 4171—2008)的规定。

(7)钢木桁架的圆钢下弦直径大于 20 mm 的拉杆、焊接承重结构和重要的非焊接承重结构采用的钢材,应具有冷弯试验的合格保证。

(8)金属齿板应由镀锌薄钢板制作。镀锌应在齿板制造前进行,镀锌层重量不低于 275 g/m^2。钢板可采用 Q235 碳素结构钢和 Q345 低合金高强度结构钢。

(9)铸钢连接件的材质与性能应符合现行国家标准《一般工程用铸造碳钢件》(GB/T 11352—2009)和《一般工程与结构用低合金钢铸件》(GB/T 14408—2014)的规定。

(10)焊接用的焊条应符合现行国家标准《非合金钢及细晶粒钢焊条》(GB/T 5117—2012)和《热强钢焊条》(GB/T 5118—2012)的规定。采用的焊条型号应与金属构件或金属连接件的钢材力学性能相适应。

三、其他材料

(1)装配式木结构宜采用岩棉、矿渣棉、玻璃棉等保温材料和隔声吸声材料,也可采用符合设计要求的其他具有保温和隔声吸声功能的材料。

(2)岩棉、矿渣棉作为墙体保温隔热材料时,物理性能指标应符合现行国家标准《绝热用岩棉、矿渣棉及其制品》(GB/T 11835—2016)的规定。玻璃棉作为墙体保温隔热材料时,物理性能指标应符合现行国家标准《绝热用玻璃棉及其制品》(GB/T 13350—2017)的规定。

(3)隔墙用保温隔热材料的燃烧性能应符合现行国家标准《建筑设计防火规范(2018 版)》(GB 50016—2014)的规定。

(4)防火封堵材料应符合现行国家标准《防火封堵材料》(GB 23864—2009)和《建筑用阻燃密封胶》(GB/T 24267—2009)的规定。

(5)装配式木结构采用的防火产品应经国家认可的检测机构检验合格,并应符合现行国家标准《建筑设计防火规范(2018 版)》(GB 50016—2014)的规定。

(6)密封条的厚度宜为 4～20 mm,并应符合现行国家标准《建筑门窗、幕墙用密封胶条》(GB/T 24498—2009)的规定。密封胶应符合现行国家标准《硅酮和改性硅酮建筑密封胶》(GB/T 14683—2017)和《建筑用硅酮结构密封胶》(GB 16776—2005)的规定,并应在有效期内使用;聚氨酯泡沫填缝剂应符合现行行业标准《单组分聚氨酯泡沫填缝剂》(JC 936—2004)的规定。

(7)装配式木结构采用的装饰装修材料应符合现行国家标准《民用建筑工程室内环境污

染控制规范（2013 版）》（GB 50325—2010）、《建筑内部装修设计防火规范》（GB 50222—2017）、《建筑设计防火规范（2018 版）》（GB 50016—2014）和《建筑装饰装修工程质量验收标准》（GB 50210—2018）的规定。

（8）装配式木结构用胶黏剂应保证其胶合部位强度要求，胶合强度不应低于木材顺纹抗剪和横纹抗拉强度，并应符合现行行业标准《环境标志产品技术要求胶黏剂》（HJ 2541—2016）的规定。胶黏剂防水性、耐久性应满足结构的使用条件和设计使用年限要求。承重结构用胶应符合现行国家标准《胶合木结构技术规范》（GB/T 50708—2012）和《结构用集成材》（GB/T 26899—2011）的规定。

第二节　基本规定

（1）装配式木结构建筑应采用系统集成的方法统筹设计、制作运输、施工安装和使用维护，实现全过程的协同。

符合建筑功能和性能要求是建筑设计的基本要求，建筑、结构、机电设备、室内装饰装修的一体化设计是装配式建筑的主要特点和基本要求。装配式木结构建筑要求设计、制作、安装、装修等单位在各个阶段协同工作。

（2）装配式木结构建筑应模数协调、标准化设计，建筑产品和部品应系列化、多样化、通用化，预制木结构组件应符合少规格、多组合的原则，并应符合现行国家标准《民用建筑设计通则》（GB 50352—2005）的规定。

装配式木结构建筑组件均应在工厂加工制作，为降低造价，提高生产效率，便于安装和质量控制，在满足建筑功能的前提下，拆分的组件单元应尽量标准定型化，提高标准化组件单元的利用率。

（3）木组件和部品的工厂化生产应建立完善的生产质量管理体系，应做好产品标识，并应采取提高生产精度、保障产品质量的措施。

（4）装配式木结构建筑应综合协调建筑、结构、设备和内装等专业，制定相互协同的施工组织方案，并应采用装配式施工。

（5）装配式木结构建筑应实现全装修，内装系统应与结构系统、围护系统、设备与管线系统一体化设计建造。

（6）装配式木结构建筑宜采用建筑信息模型（BIM）技术，应满足全专业、全过程信息化管理的要求。

装配式建筑设计应采用信息化技术手段（BIM）进行方案、施工图设计。方案设计包括总体设计、性能分析、方案优化等内容；施工图设计包括：建筑、结构、设备等专业协同设计，管线或管道综合设计和构件、组件、部品设计等内容。采用 BIM 技术能在方案阶段有效避免各专业、各工种间的矛盾，提前将矛盾解决；同时采用 BIM 技术整体把控整个工程进度，提高构件加工和安装的精度。

（7）装配式木结构建筑宜采用智能化技术，应满足建筑使用的安全、便利、舒适和环保等性能的要求。

（8）装配式木结构建筑应进行技术策划，对技术选型、技术经济可行性和可建造性进行评估，并应科学合理地确定建造目标与技术实施方案。

（9）装配式木结构采用的预制木结构组件可分为预制梁柱构件、预制板式组件和预制空间组件，并应符合下列规定：

1）应满足建筑使用功能、结构安全和标准化制作的要求。

2）应满足模数化设计、标准化设计的要求。

3）应满足制作、运输、堆放和安装对尺寸、形状的要求。

4）应满足质量控制的要求。

5）应满足重复使用、组合多样的要求。

装配式木结构建筑按拆分组件的特征，拆分组件可分为梁柱式组件、板式组件和空间组件。梁柱组件指胶合木结构的基本受力单元，集成化程度低，运输方便但现场组装工作多；板式组件则是平面构件，包含墙板和楼板，集成化程度较高，是装配式结构中最主要的拆分组件单元，运输方便现场工作少；空间组件集成化程度最高，但对运输和现场安装能力要求高。组件的拆分应符合工业化的制作要求，便于生产制作。

（10）装配式木结构连接设计应有利于提高安装效率和保障连接的施工质量。连接的承载力验算和构造要求应符合现行国家标准《木结构设计标准》（GB 50005—2017）的规定。

（11）装配式木结构设计应符合现行国家标准《木结构设计标准》（GB 50005—2017）、《胶合木结构技术规范》（GB/T 50708—2012）和《多高层木结构建筑技术标准》（GB/T 51226—2017）的要求，并应符合下列规定：

1）应采取加强结构体系整体性的措施。

2）连接应受力明确、构造可靠，并应满足承载力、延性和耐久性的要求。

3）应按预制组件采用的结构形式、连接构造方式和性能，确定结构的整体计算模型。

装配式木结构建筑应按现行国家标准《木结构设计标准》（GB 50005—2017）、《胶合木结构技术规范》（GB/T 50708—2012）和《多高层木结构建筑技术标准》（GB/T 51226—2017）进行结构内力计算和组件的承载验算。由于装配式木结构中采用预制的结构组件，应注意组件间的连接，确保连接可靠，保证结构的整体性。计算分析时，应按预制组件的结构特征采用合适的计算模型。

（12）装配式木结构中，钢构件设计应符合现行国家标准《钢结构设计规范》（GB 50017—2017）的规定，混凝土构件设计应符合现行国家标准《混凝土结构设计规范（2015年版）》（GB 50010—2010）的规定。

（13）装配式木结构建筑的防火设计应符合现行国家标准《建筑设计防火规范（2018年版）》（GB 50016—2014）和《多高层木结构建筑技术标准》（GB/T 51226—2017）的规定。

（14）装配式木结构建筑的防水、防潮和防生物危害设计应符合现行国家标准《木结构设计标准》（GB 50005—2017）的规定。

（15）装配式木结构建筑的外露预埋件和连接件应按不同环境类别进行封闭或防腐、防锈处理，并应满足耐久性要求。

（16）预制木构件组件和部件，在制作、运输和安装过程中不得与明火接触。

（17）装配式木结构建筑应采用绿色建材和性能优良的木组件和部品。

第三节　防护

（1）装配式木结构建筑的防护设计应符合现行国家标准《木结构设计标准》（GB 50005—2017）的规定。设计文件中应规定采取的防腐措施和防生物危害措施。

木材的腐朽是受木腐菌侵害所致。在木结构建筑中，木腐菌主要依赖潮湿的环境而得以生存与发展，各地调查表明，凡是在结构构造上封闭的部位以及易经常潮湿的场所，其木构件无不受木腐菌的侵害，严重者甚至会发生木结构坍塌事故。与此相反，若木结构所处的环境通风良好，其木构件的使用年限即使已逾百年，仍然可保持完好无损的状态。因此，设计时，首先应采取既经济又有效的构造措施。在采取构造措施后仍有可能遭受菌害的结构或部位，需要另外采取防腐、防虫措施。

（2）需防腐处理的预制木结构组件应在机械加工工序完成后进行防腐处理，不宜在现场再次进行切割或钻孔。当现场需做局部修整时，应对修整后的木材切口表面采用符合设计要求的药剂做防腐处理。

（3）装配式木结构建筑应在干作业环境下施工，预制木结构组件在制作、运输、施工和使用过程中应采取防水防潮措施。

（4）直接与混凝土或砌体结构接触的预制木结构组件应进行防腐处理，并应在接触面设置防潮层。

（5）当金属连接件长期处于潮湿、结露或其他易腐蚀条件时，应采取防锈蚀措施或采用不锈钢金属连接件。

（6）装配式木结构建筑与室外连接的设备管道穿孔处应使用防虫网、树脂或符合设计要求的封堵材料进行封闭。

（7）外墙板接缝、门窗洞口等防水薄弱部位除应采用防水材料外，尚应采用与防水构造措施相结合的方法进行保护。

（8）装配式木结构建筑的防水、防潮应符合下列规定：

1）室内地坪宜高于室外地面450 mm，建筑外墙下应设置混凝土散水。

2）外墙宜按雨幕原理进行设计，外墙门窗处宜采用成品金属泛水板。

3）宜设置屋檐，并宜采用成品雨水排水管道。

4）屋面、阳台、卫生间楼地面等应进行防水设计。

5）与其他建筑连接时，应采取防止不同建筑结构的沉降、变形等引起的渗漏的措施。

（9）装配式木结构建筑的防虫应符合下列规定：

1）施工前应对建筑基础及周边进行除虫处理。

2）连接处应结合紧密，并应采取防虫措施。

3）蚁害多发区，白蚁防治应符合现行行业标准《房屋白蚁预防技术规程》（JGJ/T 245—2011）的规定。

4）基础或底层建筑围护结构上的孔、洞、透气装置应采取防虫措施。

第四节　制作、运输和储存

一、一般规定

（1）预制木结构组件应按设计文件在工厂制作，制作单位应具备相应的生产场地和生产工艺设备，并应有完善的质量管理体系和试验检测手段，且应建立组件制作档案。

（2）预制木结构组件和部品制作前应对其技术要求和质量标准进行技术交底，并应制定制作方案。制作方案应包括制作工艺、制作计划、技术质量控制措施、成品保护、堆放及运输方案等项目。

（3）预制木结构组件制作过程中宜采取控制制作及储存环境的温度、湿度的技术措施。

（4）预制木结构组件和部品在制作、运输和储存过程中，应采取防水、防潮、防火、防虫和防止损坏的保护措施。

（5）预制木结构组件制作完成时，除应按现行国家标准《木结构工程施工质量验收规范》（GB 50206—2012）的要求提供文件和记录外，尚应提供下列文件和记录：

1）工程设计文件、预制组件制作和安装的技术文件；

2）预制组件使用的主要材料、配件及其他相关材料的质量证明文件、进场验收记录、抽样复验报告；

3）预制组件的预拼装记录。

（6）预制木结构组件检验合格后应设置标识，标识内容宜包括产品代码或编号、制作日期、合格状态、生产单位等信息。

二、制作

（1）预制木结构组件在工厂制作时，木材含水率应符合设计文件的规定。

按国家标准《木结构试验方法标准》（GB/T 50329—2012）附录 B，以我国典型地区乌鲁木齐和上海为例，乌鲁木齐全年木材平衡含水率均值为 12.1%，月份之间变化差值最大为 10.8%；上海全年木材平衡含水率均值为 16.0%，月份之间变化差值最大为 3.2%。由于胶合木在层板厚度方向无胶黏剂的约束作用，木材含水率的变化将导致面积较大的干缩和湿胀变形，因此在木结构组件加工时，应考虑该因素，并应考虑木组件含水率变化造成尺寸变化的影响预留伸缩量。

（2）预制层板胶合木构件的制作应符合现行国家标准《胶合木结构技术规范》（GB/T 50708—2012）和《结构用集成材》（GB/T 26899—2011）的规定。

（3）预制木结构组件制作过程中宜采用 BIM 信息化模型校正，制作完成后宜采用 BIM 信息化模型进行组件预拼装。

木构件制作过程中宜采用 BIM 信息化模型，以保证尺寸、规格以及深加工的正确性。考虑到木构件和金属连接件的加工通常由不同单位分别完成，且木构件和金属连接件均包含各自允许范围内的加工误差，为保证装配施工的质量，避免增加现场加工工作量，预制木构件、部件制作完成后应在工厂进行预组装。

（4）对有饰面材料的组件，制作前应绘制排版图，制作完成后应在工厂进行预拼装。

（5）预制木结构组件制作误差应符合现行国家标准《木结构工程施工质量验收规范》（GB 50206—2012）的规定。预制正交胶合木构件的厚度宜小于 500 mm，且制作误差应符合表 6-1 的规定。

表 6-1　正交胶合木构件尺寸偏差表

类别	允许偏差
厚度 h	≤（1.6 mm 与 0.02 h 中较大值）
宽度 b	≤3.2 mm
长度 L	≤6.4 mm

（6）对预制层板胶合木构件，当层板宽度大于 180 mm 时，可在层板底部顺纹开槽；对预制正交胶合木构件，当正交胶合木层板厚度大于 40 mm 时，层板宜采用顺纹开槽的措施，开槽深度不应大于层板厚度的 0.9 倍，槽宽不应大于 4 mm，如图 6-1 所示，槽间距不应小于 40 mm，开槽位置距离层板边沿不应小于 40 mm。

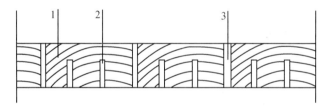

图 6-1　正交胶合木层板刻槽尺寸示意

1—木材层板；2—槽口；3—层板间隙

正交胶合木的幅面尺寸通常较大，且其层板数量较少（一般为 3 层或 5 层），构件更易发生变形，为提高构件的装配质量，并保证构件使用过程中的品质。当所采用规格材的截面尺寸较大时，宜采用变形控制构造措施，通过开槽释放应力，减小变形。

（7）预制木结构构件宜采用数控加工设备进行制作，宜采用铣刀开槽。槽的深度余量不应大于 5 mm，槽的宽度余量不应大于 1.5 mm。

本条是考虑我国目前胶合木生产企业构件装配式加工的能力，并结合木构件装配质量而制定的。

（8）层板胶合木和正交胶合木的最外层板不应有松软节和空隙。当对外观有较高要求时，对直径 30 mm 的孔洞和宽度大于 3 mm、侧边裂缝长度 40～100 mm 的缺陷，应采用同质木料进行修补。

三、运输和储存

（1）对预制木结构组件和部品的运输和储存应制定实施方案，实施方案可包括运输时间、次序、堆放场地、运输路线、固定要求、堆放支垫及成品保护措施等项目。

（2）对大型组件、部品的运输和储存应采取专门的质量安全保证措施。在运输与堆放时，支承位置应按计算确定。

（3）预制木结构组件装卸和运输时应符合下列规定：

1）装卸时，应采取保证车体平衡的措施。

2）运输时，应采取防止组件移动、倾倒、变形等的固定措施。

（4）预制木结构组件存储设施和包装运输应采取使其达到要求含水率的措施，并应有保护层包装，边角部位宜设置保护衬垫。

（5）预制木结构组件水平运输时，应将组件整齐地堆放在车厢内。梁、柱等预制木组件可分层分隔堆放，上下分隔层垫块应竖向对齐，悬臂长度不宜大于组件长度的1/4。板材和规格材应纵向平行堆垛、顶部压重存放。

（6）预制木桁架整体水平运输时，宜竖向放置，支承点应设在桁架两端节点支座处，下弦杆的其他位置不得有支承物；在上弦中央节点处的两侧应设置斜撑，应与车厢牢固连接；应按桁架的跨度大小设置若干对斜撑。数榀桁架并排竖向放置运输时，应在上弦节点处用绳索将各桁架彼此系牢。

（7）预制木结构墙体宜采用直立插放架运输和储存，插放架应有足够的承载力和刚度，并应支垫稳固。

（8）预制木结构组件的储存应符合下列规定：

1）组件应存放在通风良好的仓库或防雨、通风良好的有顶部遮盖场所内，堆放场地应平整、坚实，并应具备良好的排水设施。

2）施工现场堆放的组件，宜按安装顺序分类堆放，堆垛宜布置在吊车工作范围内，且不受其他工序施工作业影响的区域。

3）采用叠层平放的方式堆放时，应采取防止组件变形的措施。

4）吊件应朝上，标志宜朝向堆垛间的通道。

5）支垫应坚实，垫块在组件下的位置宜与起吊位置一致。

6）重叠堆放组件时，每层组件间的垫块应上下对齐，堆垛层数应按组件、垫块的承载力确定，并应采取防止堆垛倾覆的措施。

7）采用靠架堆放时，靠架应具有足够的承载力和刚度，与地面倾斜角度宜大于80°。

8）堆放曲线形组件时，应按组件形状采取相应保护措施。

（9）对现场不能及时进行安装的建筑模块，应采取保护措施。

第五节　安装

一、一般规定

（1）装配式木结构建筑施工前应编制施工组织设计，制定专项施工方案；施工组织设计的内容应符合现行国家标准《建筑施工组织设计规范》（GB/T 50502—2009）的规定；专项施工方案的内容应包括安装及连接方案、安装的质量管理及安全措施等项目。

施工组织设计是指导施工的重要依据。装配式木结构建筑安装为吊装作业，对吊装设备、人员、安装顺序要求较高。为保证工程的顺利进行，施工前应编制施工组织设计和专项方案。专项施工方案应综合考虑工程特点、组件规格、施工环境、机械设备等因素，体现装配式木结构的施工特点和施工工艺。

（2）施工现场应具有质量管理体系和工程质量检测制度，实现施工过程的全过程质量控制，并应符合现行国家标准《工程建设施工企业质量管理规范》（GB/T 50430—2017）的规定。

装配式木结构建筑安装吊装工作量大，存在较大的施工风险，对施工单位的素质要求较高。为保证施工及结构的安全，要求施工单位具备相应的施工能力及管理能力。

（3）装配式木结构建筑安装应符合现行国家标准《木结构工程施工规范》（GB/T 50772—2012）的规定。

（4）装配式木结构建筑安装应按结构形式、工期要求、工程量以及机械设备等现场条件，合理设计装配顺序，组织均衡有效的安装施工流水作业。

本条为编制专项施工方案的主要内容，应重点描述，指导施工作业。

（5）吊装用吊具应按国家现行有关标准的规定进行设计、验算或试验检验。

吊装前应选择适当的吊具。对吊带、吊钩、分配梁等吊具应进行施工验算。

（6）组件安装可按现场情况和吊装等条件采用下列安装单元进行安装：

1）采用工厂预制组件作为安装单元。

2）现场对工厂预制组件进行组装后作为安装单元。

3）同时采用本条第1款、第2款两种单元的混合安装单元。

现场施工应按施工方案，灵活安排吊装作业，既可以单组件吊装，也可以将多个组件在地面上组装作为一个安装单元整体吊装。

（7）预制组件吊装时应符合下列规定：

1）经现场组装后的安装单元的吊装，吊点应按安装单元的结构特征确定，并应经试吊证明符合刚度及安装要求后方可开始吊装。

2）刚度较差的组件应按提升时的受力情况采用附加构件进行加固。

3）组件吊装就位时，应使其拼装部位对准预设部位垂直落下，并应校正组件安装位置并紧固连接。

4）正交胶合木墙板吊装时，宜采用专用吊绳和固定装置，移动时宜采用锁扣扣紧。

预制组件吊装时有以下几点需要注意：

由多个组件组装成的安装单元吊装前应进行吊点的设计、复核，满足组件的强度、刚度要求，并经试吊后正式吊装，既要保证组件顺利就位，也要保证组件与组件之间无变形、错位。

对于细长杆式组件、体量较大的板式组件、空间模块组件，应考虑吊装过程中组件的安全性，可以采用分配梁、多吊点等方式。

组件安装就位后，一般情况下，首先校正轴线位置，然后调整垂直度，并初步紧固连接节点。待周边相关组件调整就位后，紧固连接节点。

组件吊装时应有防脱措施。

（8）现场安装时，未经设计允许不应对预制木结构组件进行切割、开洞等影响其完整性的行为。

组件作为一个整体，统一考虑了保温、隔声、防火、防护等措施，不得随意切割、开洞。如因特定原因，必须进行切割或开洞时，应采取相应措施，并经设计确认。

（9）现场安装全过程中，应采取防止预制组件、建筑附件及吊件等受潮、破损、遗失或污染的措施。

（10）当预制木结构组件之间的连接件采用暗藏方式时，连接件部位应预留安装孔。安装完成后，安装孔应予以封堵。

连接部位的封堵应考虑防火、防护及保温隔声等因素，做法应在设计中明确说明或取得设计认可。

（11）装配式木结构建筑安装全过程中，应采取安全措施，并应符合现行行业标准《建筑施工高处作业安全技术规范》（JGJ 80—2016）、《建筑施工起重吊装工程安全技术规范》（JGJ 276—2012）、《建筑机械使用安全技术规程》（JGJ 33—2012）和《施工现场临时用电安全技术规范》（JGJ 46—2005）等的规定。

二、安装准备

（1）装配式木结构建筑施工前，应按设计要求和施工方案进行施工验算。施工验算时，动力放大系数应符合相关的规定。当有可靠经验时，动力放大系数可按实际受力情况和安全要求适当增减。

（2）预制木结构组件安装前应合理规划运输通道和临时堆放场地，并应对成品堆放采取保护措施。

（3）安装前，应检验混凝土基础部分满足木结构部分的施工安装精度要求。

（4）安装前，应检验组件、安装用材料及配件符合设计要求和国家现行相关标准的规定。当检验不合格时，不得继续进行安装。检测内容应包括下列内容：

1）组件外观质量、尺寸偏差、材料强度、预留连接位置等。

2 连接件及其他配件的型号、数量、位置。

3）预留管线或管道、线盒等的规格、数量、位置及固定措施等。

（5）组件安装时应符合下列规定：

1）应进行测量放线，应设置组件安装定位标识。

2）应检查核对组件装配位置、连接构造及临时支撑方案。

3）施工吊装设备和吊具应处于安全操作状态。

4）现场环境、气候条件和道路状况应满足安装要求。

（6）对安装工艺复杂的组件，宜选择有代表性的单元进行试安装，并宜按试安装结果调整施工方案。

三、安装

（1）组件吊装就位后，应及时校准并应采取临时固定措施。

（2）组件吊装就位过程中，应监测组件的吊装状态，当吊装出现偏差时，应立即停止吊装并调整偏差。

（3）组件为平面结构时，吊装时应采取保证其平面外稳定的措施，安装就位后，应设置防止发生失稳或倾覆的临时支撑。

（4）组件安装采用临时支撑时，应符合下列规定：

1）水平构件支撑不宜少于 2 道。

2）预制柱或墙体组件的支撑点距底部的距离不宜大于柱或墙体高度的 2/3，且不应小于柱或墙体高度的 1/2。

3）临时支撑应设置可对组件的位置和垂直度进行调节的装置。

（5）竖向组件安装应符合下列规定：

1）底层组件安装前，应复核基层的标高，并应设置防潮垫或采取其他防潮措施。

2）其他层组件安装前，应复核已安装组件的轴线位置、标高。

（6）水平组件安装应符合下列规定：

1）应复核组件连接件的位置，与金属、砖、石、混凝土等的结合部位应采取防潮防腐措施。

2）杆式组件吊装宜采用两点吊装，长度较大的组件可采取多点吊装；细长组件应复核吊装过程中的变形及平面外稳定。

3）板类组件、模块化组件应采用多点吊装，组件上应设有明显的吊点标志。吊装过程应平稳，安装时应设置必要的临时支撑。

（7）预制墙体、柱组件的安装应先调整组件标高、平面位置，再调整组件垂直度。组件的标高、平面位置、垂直偏差应符合设计要求。调整组件垂直度的缆风绳或支撑夹板应在组件起吊前绑扎牢固。

对于墙、柱类组件，吊装前设定控制点，吊装时一般先调整组件下部控制点的标高，再调整平面位置，然后调整组件垂直度，上述调整完成后，复核组件顶部控制点坐标。

（8）安装柱与柱之间的梁时，应监测柱的垂直度。除监测梁两端柱的垂直度变化外，尚应监测相邻各柱因梁连接影响而产生的垂直度变化。

（9）预制木结构螺栓连接应符合下列规定：

1）木结构的各组件结合处应密合，未贴紧的局部间隙不得超过 5 mm，接缝处理应符合设计要求。

2）用木夹板连接的接头钻孔时应将各部分定位并临时固定一次钻通；当采用钢夹板不能一次钻通时应采取保证各部件对应孔的位置、大小一致的措施。

3）除设计文件规定外，螺栓垫板的厚度不应小于螺栓直径的 0.3 倍，方形垫板边长或圆形垫板直径不应小于螺栓直径的 3.5 倍, 拧紧螺帽后螺杆外露长度不应小于螺栓直径的 0.8 倍。

第六节　验收

一、一般规定

（1）装配式木结构工程施工质量验收应符合现行国家标准《建筑工程施工质量验收统一标准》（GB 50300—2013）、《木结构工程施工质量验收规范》（GB 50206—2012）及国家现行相关标准的规定。当国家现行标准对工程中的验收项目未做具体规定时, 应由建设单位组织设计、施工、监理等相关单位制定验收具体要求。

（2）装配式木结构子分部工程应由木结构制作安装与木结构防护两分项工程组成, 并应在分项工程皆验收合格后, 再进行子分部工程的验收。

（3）装配式木结构子分部工程质量验收的程序和组合, 应符合现行国家标准《建筑工程施工质量验收统一标准》（GB 50300—2013）的有关规定。

（4）工厂预制木组件制作前应按设计要求检查验收采用的材料, 出厂前应按设计要求检查验收木组件。

（5）装配式木结构工程中, 木结构的外观质量除设计文件另有规定外, 应符合下列规定:

1）A 级, 结构构件外露, 构件表面洞孔应采用木材修补, 木材表面应用砂纸打磨。

2）B 级, 结构构件外露, 外表可采用机具刨光, 表面可有轻度漏刨、细小的缺陷和空隙, 不应有松软节的空洞。

3）C 级, 结构构件不外露, 构件表面可不进行加工刨光。

（6）装配式木结构子分部工程质量验收应符合下列规定:

1）检验批主控项目检验结果应全部合格。

2）检验批一般项目检验结果应有大于 80%的检查点合格, 且最大偏差不应超过允许偏差的 1.2 倍。

3）子分部工程所含分项工程的质量验收均应合格。

4）子分部工程所含分项工程的质量资料和验收记录应完整。

5）安全功能检测项目的资料应完整, 抽检的项目均应合格。

6）外观质量验收应符合标准的规定。

（7）用于加工装配式木结构组件的原材料, 应具有产品合格证书; 每批次应做下列检验:

1）每批次进厂目测分等规格材应由专业分等人员做目测等级检验或抗弯强度见证检验; 每批次进厂机械分等规格材应做抗弯强度见证检验。

2）每批次进厂规格材应做含水率检验。

3）每批次进厂的木基结构板应做静曲强度和静曲弹性模量检验; 用于屋面、楼面的木基结构板应有干态湿态集中荷载、均布荷载及冲击荷载检验报告。

4）采购的结构复合木材和工字形木搁栅应有产品质量合格证书、符合设计文件规定的平弯或侧立抗弯性能检测报告并应做荷载效应标准组合作用下的结构性能检验。

5）设计文件规定钉的抗弯屈服强度时，应做钉抗弯强度检验。

（8）装配式木结构材料、构配件的质量控制以及制作安装质量控制应划分为不同的检验批。检验批的划分应符合《木结构工程施工质量验收规范》（GB 50206—2012）的规定。

按材料、产品质量控制和构件制作安装质量控制划分不同的检验批，是现行国家标准《木结构工程施工质量验收规范》（GB 50206—2012）为保证工程质量做出的规定，其中主要按方木原木结构、胶合木结构和轻型木结构三个分项工程做出了产品质量控制和构件制作安装质量控制的划分检验批的规定。这些规定仍然适用于装配式木结构。采用正交胶合木制作的装配式木结构，尚未包括在《木结构工程施工质量验收规范》（GB 50206—2012）所划分的分项工程中，但可参照胶合木结构分项工程的有关规定执行。

（9）装配式木结构钢连接板、螺栓、销钉等连接用材料的验收应符合现行国家标准《木结构工程施工质量验收规范》（GB 50206—2012）的规定。

（10）装配式木结构验收时，除应按现行国家标准《木结构工程施工质量验收规范》（GB 50206—2012）的要求提供文件和记录外，尚应提供以下文件和记录：

1）工程设计文件、预制组件制作和安装的深化设计文件。

2）预制组件、主要材料、配件及其他相关材料的质量证明文件、进场验收记录、抽样复验报告。

3）预制组件的安装记录。

4）装配式木结构分项工程质量验收文件。

5）装配式木结构工程的质量问题的处理方案和验收记录。

6）装配式木结构工程的其他文件和记录。

（11）装配式木结构建筑内装系统施工质量要求和验收标准应符合现行国家标准《建筑装饰装修工程质量验收标准》（GB 50210—2018）的规定。

（12）建筑给水排水及采暖工程的施工质量要求和验收标准应符合现行国家标准《建筑给水排水及采暖工程施工质量验收规范》（GB 50242—2002）的规定。

（13）通风与空调工程的施工质量要求和验收标准应符合现行国家标准《通风与空调工程施工质量验收规范》（GB 50243—2016）的规定。

（14）建筑电气工程的施工质量要求和验收标准应符合现行国家标准《建筑电气工程施工质量验收规范》（GB 50303—2015）的规定。

（15）智能化系统施工质量验收应符合现行国家标准《智能建筑工程质量验收规范》（GB 50339—2013）的规定。

二、主控项目

（1）预制组件使用的结构用木材应符合设计文件的规定，并应有产品质量合格证书。

检验数量：检验批全数。

检验方法：实物与设计文件对照，检查质量合格证书、标识。

现行国家标准《木结构工程施工质量验收规范》（GB 50206—2012）将结构形式与结构布置、构件材料的材质和强度等级以及节点连接等三方面归结为影响结构安全的最重要的因素。《木结构工程施工质量验收规范》（GB 50206—2012）中并没有关于预制组件所用材料的规定，故本标准中对其单列一条，按等同于《木结构工程施工质量验收规范》（GB 50206—2012）对构件材料的材质和强度等级的规定执行。

（2）装配式木结构的结构形式、结构布置和构件截面尺寸应符合设计文件的规定。

检查数量：检验批全数。

检验方法：实物与设计文件对照、尺量。

应特别注意针对正交胶合木结构执行该条。《木结构工程施工质量验收规范》（GB 50206—2012）对方木原木结构、胶合木结构、轻型木结构都做出了与该条相似的规定，这些结构原则上都可以设计成装配式木结构。

（3）安装组件所需的预埋件的位置、数量及连接方式应符合设计要求。

检查数量：全数检查。

检验方法：目测、尺量。

（4）预制组件的连接件类别、规格和数量应符合设计文件的规定。

检验数量：检验批全数。

检验方法：目测、尺量。

（5）现场装配连接点的位置和连接件的类别、规格及数量应符合设计文件的规定。

检查数量：检验批全数。

检查方法：实物与设计文件对照、尺量。

以上标题（4）、标题（5）针对装配式木结构的特点，本标准将节点连接分为工厂预制和现场装配两类，复杂和关键节点进行工厂预制更能保证质量。连接的施工质量直接影响结构安全，相关条文应严格执行，杜绝发生不符合设计文件规定的情况。

（6）胶合木构件平均含水率不应大于 15%，同一构件各层板间含水率差别不应大于 5%，层板胶合木含水率检验数量应对每一检验批每一规格胶合木构件随机抽取 5 根；轻型木结构中规格材含水率不应大于 20%。检验方法应符合现行国家标准《木结构工程施工质量验收规范》（GB 50206—2012）的规定。

（7）胶合木受弯构件应做荷载效应标准组合作用下的抗弯性能见证检验，检查数量和检验方法应符合现行国家标准《木结构工程施工质量验收规范》（GB 50206—2012）的规定。

（8）胶合木弧形构件的曲率半径及其偏差应符合设计文件的规定，层板厚度不应大于曲率半径的 0.8%。

检验数量：检验批全数。

检验方法：钢尺尺量。

（9）装配式轻型木结构和装配式正交胶合木结构的承重墙、剪力墙、柱、楼盖、屋盖布置、抗倾覆措施及屋盖抗掀起措施等，应符合设计文件的规定。

检验数量：检验批全数。

检验方法：实物与设计文件对照。

装配式方木原木结构、胶合木结构主要为梁柱或框架体系，其中木柱与基础的连接本身就能起到抗倾覆作用。装配式轻型木结构和正交胶合木结构为板壁式结构体系，除抵抗风与地震水平作用力外，应特别注意其抗倾覆与抗掀起措施的设置。

三、一般项目

（1）装配式木结构的尺寸偏差应符合设计文件的规定。

检验数量：检验批全数。

检验方法：目测、尺量。

（2）螺栓连接预留孔尺寸应符合设计文件的规定。

检验数量：检验批全数。

检验方法：目测、尺量。

（3）预制木结构建筑混凝土基础平整度应符合设计文件的规定。

检验数量：检验批全数。

检验方法：目测、尺量。

（4）预制墙体、楼盖、屋盖组件内填充材料应符合设计文件的规定。

检验数量：检验批全数。

检验方法：目测，实物与设计文件对照；检查质量合格证书。

（5）预制木结构建筑外墙的防水防潮层应符合设计文件的规定。

检验数量：检验批全数。

检验方法：目测、检查施工记录。

（6）装配式木结构中胶合木构件的构造及外观检验按现行国家标准《木结构工程施工质量验收规范》（GB 50206—2012）的规定进行。

（7）装配式木结构中木骨架组合墙体的下列各项应符合设计文件的规定，且应符合现行国家标准《木结构设计标准》（GB 50005—2017）的规定：

1）墙骨间距。

2）墙体端部、洞口两侧及墙体转角和交界处，墙骨的布置和数量。

3）墙骨开槽或开孔的尺寸和位置。

4）地梁板的防腐、防潮及与基础的锚固措施。

5）墙体顶梁板规格材的层数、接头处理及在墙体转角和交接处的两层顶梁板的布置。

6）墙体覆面板的等级、厚度。

7）墙体覆面板与墙骨钉连接用钉的间距。

8）墙体与楼盖或基础间连接件的规格尺寸和布置。

检查数量：检验批全数。

检验方法：对照实物目测检查。

（8）装配式木结构中楼盖体系的下列各项应符合设计文件的规定，且应符合现行国家标准《木结构设计标准》（GB 50005—2017）的规定：

1）楼盖拼合连接节点的形式和位置。

2）楼盖洞口的布置和数量；洞口周围构件的连接、连接件的规格尺寸及布置。

检查数量：检验批全数。

检验方法：目测、尺量。

（9）装配式木结构中屋面体系的下列各项应符合设计文件的规定，且应符合现行国家标准《木结构设计标准》（GB 50005—2017）的规定：

1）椽条、天棚搁栅或齿板屋架的定位、间距和支撑长度。

2）屋盖洞口周围椽条与顶棚搁栅的布置和数量；洞口周围椽条与顶棚搁栅间的连接、连接件的规格尺寸及布置。

3）屋面板铺钉方式及与搁栅连接用钉的间距。

检查数量：检验批全数。

检验方法：目测、尺量。

（10）预制梁柱组件的制作与安装偏差宜分别按梁、柱构件检查验收，且应符合现行国家标准《木结构工程施工质量验收规范》（GB 50206—2012）的规定。

现行国家标准《木结构工程施工质量验收规范》（GB 50206—2012）分别规定了梁、柱构件的制作与安装偏差限值，故预制梁柱组件的制作与安装尺寸偏差可分别按梁、柱构件检查验收。

（11）预制轻型木结构墙体、楼盖、屋盖的制作与安装偏差应符合现行国家标准《木结构工程施工质量验收规范》（GB 50206—2012）的规定。

现行国家标准《木结构工程施工质量验收规范》（GB 50206—2012）已经对轻型木结构墙体、楼盖、屋盖的制作与安装偏差做出了验收规定。预制轻型木结构墙体、楼盖、屋盖应完全符合现行国家标准《木结构工程施工质量验收规范》（GB 50206—2012）的规定。

（12）外墙接缝处的防水性能应符合设计要求。

检查数量：按批检验。每 1 000 m² 或不足 1 000 m² 外墙面积划分为一个检验批，每个检验批每 100 m² 应至少抽查一处，每处不得少于 10 m²。

检验方法：检查现场淋水试验报告。

第七节　使用和维护

一、一般规定

（1）装配式木结构建筑设计时应采取方便使用期间检测和维护的措施。

为了方便使用期间对建筑物进行检测和维护，在装配式木结构建筑设计时，就应结合检测和维护的相关要求采取适当的措施。例如，设置检修孔、检修平台或检修通道，以及预留检测设备或设施等。

（2）装配式木结构建筑工程移交时应提供房屋使用说明书，房屋使用说明书中应包括下列内容：

1）设计单位、施工单位、组件部品生产单位。

2）结构类型。

3）装饰、装修注意事项。

4）给水、排水、电、燃气、热力、通信、消防等设施配置的说明。

5）有关设备、设施安装预留位置的说明和安装注意事项。

6）承重墙、保温墙、防水层、阳台等部位注意事项的说明。

7）门窗类型和使用注意事项。

8）配电负荷。

9）其他需要说明的问题。

（3）在使用初期，应制定明确的装配式木结构建筑检查和维护制度。

（4）在使用过程中，应详细准确记录检查和维修的情况，并应建立检查和维修的技术档案。

（5）当发现装配式木构件有腐蚀或虫害的迹象时，应按腐蚀的程度、虫害的性质和损坏程度制定处理方案，并应及时进行补强加固或更换。

（6）装配式木结构建筑的日常使用应符合下列规定：

1）木结构墙体应避免受到猛烈撞击和与锐器接触。

2）纸面石膏板墙面应避免长时间接近超过 50℃ 的高温。

3）木构件、钢构件和石膏板应避免遭受水的浸泡。

4）室内外的消防设备不得随意更改或取消。

（7）使用过程中不应随意变更建筑物用途、变更结构布局、拆除受力构件。

（8）装配式木结构建筑应每半年对防雷装置进行检查，检查应包括下列项目：

1）防雷装置的引线、连接件和固定装置的松动变形情况。

2）金属导体腐蚀情况。

3）防雷装置的接地情况。

二、检查要求

（1）装配式木结构建筑工程竣工使用 1 年时，应进行全面检查，此后宜按当地气候特点、建筑使用功能等，每隔 3～5 年进行检查。

（2）装配式木结构建筑应进行下列检查：

1）使用环境检查：检查装配式木结构建筑的室外标高变化、排水沟、管道、虫蚁洞穴等情况。

2）外观检查：检查装配式木结构建筑装饰面层老化破损、外墙渗漏、天沟、檐沟、雨水管道、防水防虫设施等情况。

3）系统检查：检查装配式木结构组件、组件内和组件间连接、屋面防水系统、给水排水系统、电气系统、暖通系统、空调系统的安全和使用状况。

（3）装配式木结构建筑的检查应包括下列项目：

1）预制木结构组件内和组件间连接松动、破损或缺失情况。

2）木结构屋面防水、损坏和受潮等情况。

3）木结构墙面和天花板的变形、开裂、损坏和受潮等情况。

4）木结构组件之间的密封胶或密封条损坏情况。

5）木结构墙体面板固定螺钉松动和脱落情况。

6）室内卫生间、厨房的防水和受潮等情况。

7）消防设备的有效性和可操控性情况。

8）虫害、腐蚀等生物危害情况。

（4）装配式木结构建筑的检查可采用目测观察或手动检查。当发现隐患时宜选用其他无损或微损检测方法进行深入检测。

（5）当有需要时，装配式木结构建筑可进行门窗组件气密性、墙体和楼面隔声性能、楼面振动性能、建筑围护结构传热系数、建筑物动力特性等专项测试。

（6）对大跨和高层装配式木结构建筑，宜进行长期监测，长期监测内容可包括：

1）环境相对湿度、环境温度和木材含水率监测。

2）结构和关键构件水平位移、竖向位移和长期蠕变监测。

3）结构和关键构件应变和应力监测。

4）能耗监测。

大跨装配式木结构建筑是指跨度大于 30 m 的木结构建筑，高层装配式木结构建筑是指层数大于 6 层的木结构建筑。由于我国对于大跨和高层木结构建筑的研究少，因此，建议有条件时，对大跨和高层木结构建筑进行长期监测，为后续研究积累实际经验。

（7）当连续监测结果与设计差异较大时，应评估装配式木结构的安全性，并应采取保证其正常使用的措施。

三、维护要求

（1）对于检查项目中不符合要求的内容，应组织实施一般维修。一般维修包括：

1）修复异常连接件。

2）修复受损木结构屋盖板，并清理屋面排水系统。

3）修复受损墙面、天花板。

4）修复外墙围护结构渗水。

5）更换或修复已损坏或已老化零部件。

6）处理和修复室内卫生间、厨房的渗漏水和受潮。

7）更换异常消防设备。

（2）对一般维修无法修复的项目，应组织专业施工单位进行维修、加固和修复。

第七章 装配式建筑评价标准

《装配式建筑评价标准》（GB/T 51129—2017）（以下简称本标准），本标准将装配式建筑作为最终产品，根据系统性的指标体系进行综合打分，把装配率（装配率：单体建筑室外地坪以上的主体结构、围护墙和内隔墙、装修和设备管线等采用预制部品部件的综合比例）作为考量标准，对装配式建筑的装配化程度进行评价，使评价工作更加简洁明确。易于操作。

本标准以控制性指标划定了最低准入门槛，以竖向构件、水平构件、围护墙和分隔墙、全装修等指标来分析建筑单体的装配化程度，发挥了本标准的正向引导作用。

本标准以装配式建筑最终产品为标的，弱化过程中的实施手段，重在最终产品的装配化程度考量。对装配式建筑的评价以参评项目的得分来衡量综合水平高低，得分结果对应1A、2A、3A不同装配化等级。

本标准在项目成为装配式建筑与具有评价等级存有一定空间，为地方政府制定奖励政策提供弹性范围。

本标准主要技术内容有：①总则；②术语；③基本规定；④装配率计算；⑤评价等级划分。

第一节 总则

（1）为促进装配式建筑发展，规范装配式建筑评价，制定本标准。

《中共中央 国务院关于进一步加强城市规划建设管理工作的若干意见》《国务院办公厅关于大力发展装配式建筑的指导意见》明确提出发展装配式建筑，装配式建筑进入快速发展阶段。为推进装配式建筑健康发展，亟须构建一套适合我国国情的装配式建筑评价体系，对其实施科学、统一、规范的评价。

按照"立足当前实际，面向未来发展，简化评价操作"的原则，本标准主要从建筑系统及建筑的基本性能、使用功能等方面提出装配式建筑评价方法和指标体系。评价内容和方法的制定结合了目前工程建设整体发展水平，并兼顾了远期发展目标。设定的评价指标具有科学性、先进性、系统性、导向性和可操作性。

本标准体现了现阶段装配式建筑发展的重点推进方向：①主体结构由预制部品部件的应

用向建筑各系统集成转变；②装饰装修与主体结构的一体化发展，推广全装修，鼓励装配化装修方式；③部品部件的标准化应用和产品集成。

（2）本标准适用于评价民用建筑的装配化程度。

本标准适用于采用装配方式建造的民用建筑评价，包括居住建筑和公共建筑。当前我国的装配式建筑发展以居住建筑为重点，但考虑到公共建筑建设总量较大，标准化程度较高，适宜装配式建造，因此本标准的评价适用于全部民用建筑。

同时，对于一些与民用建筑相似的单层和多层厂房等工业建筑，如精密加工厂房、洁净车间等，当符合本标准的评价原则时，可参照执行。

（3）本标准采用装配率评价建筑的装配化程度。

（4）装配式建筑评价除应符合本标准外，尚应符合国家现行有关标准的规定。

符合国家法律法规和有关标准是装配式建筑评价的前提条件。本标准主要针对装配式建筑的装配化程度和水平进行评价，涉及规划、设计、质量、安全等方面的内容还应符合我国现行有关工程建设标准的规定。

第二节　基本规定

（1）装配率计算和装配式建筑等级评价应以单体建筑作为计算和评价单元，并应符合下列规定：

1）单体建筑应按项目规划批准文件的建筑编号确认。

2）建筑由主楼和裙房组成时，主楼和裙房可按不同的单体建筑进行计算和评价。

3）单体建筑的层数不大于 3 层，且地上建筑面积不超过 500 m^2 时，可由多个单体建筑组成建筑组团作为计算和评价单元。

以单体建筑作为装配率计算和装配式建筑等级评价的单元，主要基于单体建筑可构成整个建筑活动的工作单元和产品，并能全面、系统地反映装配式建筑的特点，具有较好的可操作性。

（2）装配式建筑评价应符合下列规定：

1）设计阶段宜进行预评价，并应按设计文件计算装配率。

2）项目评价应在项目竣工验收后进行，并应按竣工验收资料计算装配率和确定评价等级。

为保证装配式建筑评价质量和效果，切实发挥评价工作的指导作用，装配式建筑评价分为项目评价和预评价。

为促使装配式建筑设计理念尽早融入项目实施过程中，项目宜在设计阶段进行预评价。如果预评价结果不满足装配式建筑评价的相关要求，项目可结合预评价过程中发现的不足，通过调整或优化设计方案使其满足要求。

项目评价应在竣工验收后，按照竣工资料和相关证明文件进行项目评价。项目评价是装配式建筑评价的最终结果，评价内容包括计算评价项目的装配率和确定评价等级。

（3）装配式建筑应同时满足下列要求：

1）主体结构部分的评价分值不低于 20 分。

2）围护墙和内隔墙部分的评价分值不低于 10 分。

3）采用全装修。

4）装配率不低于 50%。

本条是评价项目可以评价为装配式建筑的基本条件。符合本条要求的评价项目，可以认定为装配式建筑，但是否可以评价为 A 级、AA 级、AAA 级装配式建筑，尚应符合本标准第 5 章的规定。

（4）装配式建筑宜采用装配化装修。

装配化装修是装配式建筑的倡导方向。装配化装修是将工厂生产的部品部件在现场进行组合安装的装修方式，主要包括干式工法楼（地）面、集成厨房、集成卫生间、管线分离等方面的内容。

第三节 装配率计算

（1）装配率应根据表 7-1 中评价项分值按下式计算：

$$P = \frac{Q_1 + Q_2 + Q_3}{100 - Q_4} \times 100\%$$

式中，P——装配率；

$\quad$ Q_1——主体结构指标实际得分值；

$\quad$ Q_2——围护墙和内隔墙指标实际得分值；

$\quad$ Q_3——装修和设备管线指标实际得分值；

$\quad$ Q_4——评价项目中缺少的评价项分值总和。

表 7-1 装配式建筑评分表

评价项		评价要求	评价分值	最低分值
主体结构（50分）	柱、支撑、承重墙、延性墙板等竖向构件	35%≤比例≤80%	20～30*	20
	梁、板、楼梯、阳台、空调板等构件	70%≤比例≤80%	10～20*	
围护墙和内隔墙（20分）	非承重围护墙非砌筑	比例≥80%	5	10
	围护墙与保温、隔热、装饰一体化	50%≤比例≤80%	2～5*	
	内隔墙非砌筑	比例≥50%	5	
	内隔墙与管线、装修一体化	50%≤比例≤80%	2～5*	

续表

评价项		评价要求	评价分值	最低分值
装修和设备管线 （30分）	全装修	—	6	6
	干式工法楼面、地面	比例≥70%	6	—
	集成厨房	70%≤比例≤90%	3～6*	
	集成卫生间	70%≤比例≤90%	3～6*	
	管线分离	50%≤比例≤70%	4～6*	

注：表中带"＊"项的分值采用"内插法"计算，计算结果取小数点后 1 位。

评价项目的装配率应按照本条的规定进行计算，计算结果应按照四舍五入法取整数。若计算过程中，评价项目缺少本标准中表 4.0.1 中对应的某建筑功能评价项（例如，公共建筑中没有设置厨房），则该评价项分值记入装配率计算公式的 Q_4 中。

表 7-1 中部分评价项目在评价要求部分只列出了比例范围的区间。在工程评价过程中，如果实际计算的评价比例小于比例范围中的最小值，则评价分值取 0 分；如果实际计算的评价比例大于比例范围中的最大值，则评价分值取比例范围中最大值对应的评价分值。例如，当楼（屋）盖构件中预制部品部件的应用比例小于 70%时，该项评价分值为 0 分；当应用比例大于 80%时，该项评价分值为 20 分。

按照本条的规定，装配式钢结构建筑、装配式木结构建筑主体结构竖向构件评价项得分可为 30 分。

（2）柱、支撑、承重墙、延性墙板等主体结构竖向构件主要采用混凝土材料时，预制部品部件的应用比例应按下式计算：

$$q_{1a} = \frac{V_{1a}}{V} \times 100\%$$

式中，q_{1a}——柱、支撑、承重墙、延性墙板等主体结构竖向构件中预制部品部件的应用比例；

V_{1a}——柱、支撑、承重墙、延性墙板等主体结构竖向构件中预制混凝土体积之和，符合本标准第 4.0.3 条规定的预制构件间连接部分的后浇混凝土也可计入计算；

V——柱、支撑、承重墙、延性墙板等主体结构竖向构件混凝土总体积。

装配整体式框架-现浇混凝土剪力墙或核心筒结构可采用本标准进行评价，V_{1a} 的取值应包括所有预制框架柱体积和满足本标准第 3 条规定的可计入计算的后浇混凝土体积；V 的取值应包括框架柱、剪力墙或核心筒全部混凝土体积。

（3）当符合下列规定时，主体结构竖向构件间连接部分的后浇混凝土可计入预制混凝土体积计算。

1）预制剪力墙板之间宽度不大于 600 mm 的竖向现浇段和高度不大于 300 mm 的水平后浇带、圈梁的后浇混凝土体积。

2）预制框架柱和框架梁之间柱梁节点区的后浇混凝土体积。

3）预制柱间高度不大于柱截面较小尺寸的连接区后浇混凝土体积。

（4）梁、板、楼梯、阳台、空调板等构件中预制部品部件的应用比例应按下式计算：

$$q_{1b} = \frac{A_{1b}}{A} \times 100\%$$

式中，q_{1b}——梁、板、楼梯、阳台、空调板等构件中预制部品部件的应用比例；

　　　　A_{1b}——各楼层中预制装配梁、板、楼梯、阳台、空调板等构件的水平投影面积之和；

　　　　A——各楼层建筑平面总面积。

（5）预制装配式楼板、屋面板的水平投影面积可包括：

1）预制装配式叠合楼板、屋面板的水平投影面积。

2）预制构件间宽度不大于 300 mm 的后浇混凝土带水平投影面积。

3）金属楼承板和屋面板、木楼盖和屋盖及其他在施工现场免支模的楼盖和屋盖的水平投影面积。

本条规定了可认定为装配式楼板、屋面板的主要情况，其中第（1）、第（2）的规定主要是便于简化计算。金属楼承板包括压型钢板、钢筋桁架楼承板等在施工现场免支模的楼（屋）盖体系，是钢结构建筑中最常用的楼板类型。

（6）非承重围护墙中非砌筑墙体的应用比例应按下式计算：

$$q_{2a} = \frac{A_{2a}}{A_{w1}} \times 100\%$$

式中，q_{2a}——非承重围护墙中非砌筑墙体的应用比例；

　　　　A_{2a}——各楼层非承重围护墙中非砌筑墙体的外表面积之和，计算时可不扣除门、窗及预留洞口等的面积；

　　　　A_{w1}——各楼层非承重围护墙外表面总面积，计算时可不扣除门、窗及预留洞口等的面积。

新型建筑围护墙体的应用对提高建筑质量和品质、建造模式的改变等都具有重要意义，积极引导和逐步推广新型建筑围护墙体也是装配式建筑的重点工作。非砌筑是新型建筑围护墙体的共同特征之一，非砌筑类型墙体包括各种中大型板材、幕墙、木骨架或轻钢骨架复合墙体等，应满足工厂生产、现场安装、以"干法"施工为主的要求。

（7）围护墙采用墙体、保温、隔热、装饰一体化的应用比例应按下式计算：

$$q_{2b} = \frac{A_{2b}}{A_{w2}} \times 100\%$$

式中，q_{2b}——围护墙采用墙体、保温、隔热、装饰一体化的应用比例；

　　　　A_{2b}——各楼层围护墙采用墙体、保温、隔热、装饰一体化的墙面外表面积之和，计算时可不扣除门、窗及预留洞口等的面积；

　　　　A_{w2}——各楼层围护墙外表面总面积，计算时可不扣除门、窗及预留洞口等的面积。

围护墙采用墙体、保温、隔热、装饰一体化强调的是"集成性"，通过集成，满足结构、保温、隔热、装饰要求。同时还强调了从设计阶段需进行一体化集成设计，实现多功能一体的"围护墙系统"。

（8）内隔墙中非砌筑墙体的应用比例应按下式计算：

$$q_{2c} = \frac{A_{2c}}{A_{w3}} \times 100\%$$

式中，q_{2c} ——内隔墙中非砌筑墙体的应用比例；

$\quad\quad$ A_{2c} ——各楼层内隔墙中非砌筑墙体的墙面面积之和，计算时可不扣除门、窗及预留洞口等的面积；

$\quad\quad$ A_{w3} ——各楼层内隔墙墙面总面积，计算时可不扣除门、窗及预留洞口等的面积。

（9）内隔墙采用墙体、管线、装修一体化的应用比例应按下式计算：

$$q_{2d} = \frac{A_{2d}}{A_{w3}} \times 100\%$$

式中，q_{2d} ——内隔墙采用墙体、管线、装修一体化的应用比例；

$\quad\quad$ A_{2d} ——各楼层内隔墙采用墙体、管线、装修一体化的墙面面积之和，计算时可不扣除门、窗及预留洞口等的面积。

内隔墙采用墙体、管线、装修一体化强调的是"集成性"。内隔墙从设计阶段就需进行一体化集成设计，在管线综合设计的基础上，实现墙体与管线的集成以及土建与装修的一体化，从而形成"内隔墙系统"。

（10）干式工法楼面、地面的应用比例应按下式计算：

$$q_{3a} = \frac{A_{3a}}{A} \times 100\%$$

式中，q_{3a} ——干式工法楼面、地面的应用比例；

$\quad\quad$ A_{3a} ——各楼层采用干式工法楼面、地面的水平投影面积之和。

（11）集成厨房的橱柜和厨房设备等应全部安装到位，墙面、顶面和地面中干式工法的应用比例应按下式计算：

$$q_{3b} = \frac{A_{3b}}{A_k} \times 100\%$$

式中，q_{3b} ——集成厨房干式工法的应用比例；

$\quad\quad$ A_{3b} ——各楼层厨房墙面、顶面和地面采用干式工法的面积之和；

$\quad\quad$ A_k ——各楼层厨房的墙面、顶面和地面的总面积。

（12）集成卫生间的洁具设备等应全部安装到位，墙面、顶面和地面中干式工法的应用比例应按下式计算：

$$q_{3c} = \frac{A_{3c}}{A_b} \times 100\%$$

式中，q_{3c} ——集成卫生间干式工法的应用比例；

$\quad\quad$ A_{3c} ——各楼层卫生间墙面、顶面和地面采用干式工法的面积之和；

$\quad\quad$ A_b ——各楼层卫生间墙面、顶面和地面的总面积。

（13）管线分离比例应按下式计算：

$$q_{3d} = \frac{L_{3d}}{L} \times 100\%$$

式中，q_{3d}——管线分离比例；

L_{3d}——各楼层管线分离的长度，包括裸露于室内空间以及敷设在地面架空层、非承重墙体空腔和吊顶内的电气、给水排水和采暖管线长度之和；

L——各楼层电气、给水排水和采暖管线的总长度。

考虑到工程实际需要，纳入管线分离比例计算的管线专业包括电气（强电、弱电、通信等）、给水排水和采暖等专业。

对于裸露于室内空间以及敷设在地面架空层、非承重墙体空腔和吊顶内的管线应认定为管线分离；而对于埋置在结构构件内部（不含横穿）或敷设在湿作业地面垫层内的管线应认定为管线未分离。

第四节　评价等级划分

（1）当评价项目满足规定的要求，且主体结构竖向构件中预制部品部件的应用比例不低于 35% 时，可进行装配式建筑等级评价。

（2）装配式建筑评价等级应划分为 A 级、AA 级、AAA 级，并应符合下列规定：

1）装配率为 60%～75% 时，评价为 A 级装配式建筑。

2）装配率为 76%～90% 时，评价为 AA 级装配式建筑。

3）装配率为 91% 及以上时，评价为 AAA 级装配式建筑。

应　用　篇

第八章 装配式建筑技术应用

第一节 装配式混凝土结构技术

一、装配式混凝土剪力墙结构技术

1. 技术内容

装配式混凝土剪力墙结构是指全部或部分采用预制墙板构件，通过可靠的连接方式后浇混凝土、水泥基灌浆料形成整体的混凝土剪力墙结构。这是近年来在我国应用最多、发展最快的装配式混凝土结构技术。

国内的装配式剪力墙结构体系主要包括：

1）高层装配整体式剪力墙结构。该体系中，部分或全部剪力墙采用预制构件，预制剪力墙之间的竖向接缝一般位于结构边缘构件部位，该部位采用现浇方式与预制墙板形成整体，预制墙板的水平钢筋在后浇部位实现可靠连接或锚固；预制剪力墙水平接缝位于楼面标高处，水平接缝处钢筋可采用套筒灌浆连接、浆锚搭接连接或在底部预留后浇区内搭接连接的形式。在每层楼面处设置水平后浇带并配置连续纵向钢筋，在屋面处应设置封闭后浇圈梁。采用叠合楼板及预制楼梯，预制或叠合阳台板。该结构体系主要用于高层住宅，整体受力性能与现浇剪力墙结构相当，按"等同现浇"设计原则进行设计。

2）多层装配式剪力墙结构。与高层装配整体式剪力墙结构相比，结构计算可采用弹性方法进行结构分析，并可按照结构实际情况建立分析模型，以建立适用于装配特点的计算与分析方法。在构造连接措施方面，边缘构件设置及水平接缝的连接均有所简化，并降低了剪力墙及边缘构件配筋率、配箍率要求，允许采用预制楼盖和干式连接的做法。

2. 技术指标

高层装配整体式剪力墙结构和多层装配式剪力墙结构的设计应符合国家现行标准《装配式混凝土结构技术规程》（JGJ 1—2014）和《装配式混凝土建筑技术标准》（GB/T 51231—2016）中的规定。《装配式混凝土结构技术规程》（JGJ 1—2014）、《装配式混凝土建筑技术标准》（GB/T 51231—2016）中将装配整体式剪力墙结构的最大适用高度比现浇结构适当降低。装配整体式剪力墙结构的高宽比限值，与现浇结构基本一致。

作为混凝土结构的一种类型，装配式混凝土剪力墙结构在设计和施工中应该符合现行国家标准《混凝土结构设计规范（2015 年版）》（GB 50010—2010）、《混凝土结构施工规范》（GB 50666—2011）、《混凝土结构工程施工质量验收规范》（GB 50204—2015）中各项基本规定；若房屋层数为 10 层及 10 层以上或者高度大于 28 m，还应该参照《高层建筑混凝土结构技术规程》（JGJ 3—2010）中关于剪力墙结构的一般性规定。

针对装配式混凝土剪力墙结构的特点，结构设计中还应该注意以下基本概念：

1）应采取有效措施加强结构的整体性。装配整体式剪力墙结构是在选用可靠的预制构件受力钢筋连接技术的基础上，采用预制构件与后浇混凝土相结合的方法，通过连接节点的合理构造措施，将预制构件连接成一个整体，保证其具有与现浇混凝土结构基本等同的承载能力和变形能力，达到与现浇混凝土结构等同的设计目标。其整体性主要体现在预制构件之间、预制构件与后浇混凝土之间的连接节点上，包括接缝混凝土粗糙面及键槽的处理、钢筋连接锚固技术、各类附加钢筋、构造钢筋等。

2）装配式混凝土结构的材料宜采用高强钢筋与适宜的高强混凝土。预制构件在工厂生产，混凝土构件可实现蒸汽养护，对于混凝土的强度、抗冻性及耐久性有显著提升，方便高强混凝土技术的采用，且可以提早脱模提高生产效率；采用高强混凝土可以减小构件截面尺寸，便于运输吊装。采用高强钢筋，可以减少钢筋数量，简化连接节点，便于施工，降低成本。

3）装配式结构的节点和接缝应受力明确、构造可靠，一般采用经过充分的力学性能试验研究、施工工艺试验和实际工程检验的节点做法。节点和接缝的承载力、延性和耐久性等一般通过对构造、施工工艺等的严格要求来满足，必要时单独对节点和接缝的承载力进行验算。若采用相关标准、图集中均未涉及的新型节点连接构造，应进行必要的技术研究与试验验证。

4）装配整体式剪力墙结构中，预制构件合理的接缝位置、尺寸及形状的设计是十分重要的，应以模数化、标准化为设计工作基本原则。接缝对建筑功能、建筑平立面、结构受力状况、预制构件承载能力、制作安装、工程造价等都会产生一定的影响。设计时应满足建筑模数协调、建筑物理性能、结构和预制构件的承载能力、便于施工和进行质量控制等多项要求。

3. 适用范围

本技术适用于抗震设防烈度为 6 度至 8 度的地区，装配整体式剪力墙结构可用于高层居住建筑，多层装配式剪力墙结构可用于低、多层居住建筑。

4. 工程案例

北京万科新里程、北京金域缇香高层住宅、北京金域华府 019 地块住宅、合肥滨湖桂园 6 号、8～11 号楼住宅、合肥市包河公租房 1～5 号楼住宅、海门中南世纪城 96～99 号楼公寓等。

二、装配式混凝土框架结构技术

1. 技术内容

装配式混凝土框架结构包括装配整体式混凝土框架结构及其他装配式混凝土框架结构。装配式整体式框架结构是指全部或部分框架梁、柱采用预制构件通过可靠的连接方式装配而成，连接节点处采用现场后浇混凝土、水泥基灌浆料等将构件连成整体的混凝土结构。其他装配式框架主要指各类干式连接的框架结构，主要与剪力墙、抗震支撑等配合使用。

装配整体式框架结构可采用与现浇混凝土框架结构相同的方法进行结构分析，其承载力极限状态及正常使用极限状态的作用效应可采用弹性分析方法。在结构内力与位移计算时，对现浇楼盖和叠合楼盖，均可假定楼盖在其平面为无限刚性。装配整体式框架结构构件和节点的设计均可按与现浇混凝土框架结构相同的方法进行，此外，尚应对叠合梁端竖向接缝、预制柱柱底水平接缝部位进行受剪承载力验算，并进行预制构件在短暂设计状况下的验算。装配整体式框架结构中，应通过合理的结构布置，避免预制柱的水平接缝出现拉力。

装配整体式框架主要包括框架节点后浇和框架节点预制两大类：前者的预制构件在梁柱节点处通过后浇混凝土连接，预制构件为一字形；而后者的连接节点位于框架柱、框架梁中部，预制构件有十字形、T形、一字形等并包含节点，由于预制框架节点制作、运输、现场安装难度较大，现阶段工程较少采用。

装配整体式框架结构连接节点设计时，应合理确定梁和柱的截面尺寸以及钢筋的数量、间距及位置等，钢筋的锚固与连接应符合国家现行标准相关规定，并应考虑构件钢筋的碰撞问题以及构件的安装顺序，确保装配式结构的易施工性。装配整体式框架结构中，预制柱的纵向钢筋可采用套筒灌浆、机械冷挤压等连接方式。当梁柱节点现浇时，叠合框架梁纵向受力钢筋应伸入后浇节点区锚固或连接，其下部的纵向受力钢筋也可伸至节点区外的后浇段内进行连接。当叠合框架梁采用对接连接时，梁下部纵向钢筋在后浇段内宜采用机械连接、套筒灌浆连接或焊接等连接形式连接。叠合框架梁的箍筋可采用整体封闭箍筋及组合封闭箍筋形式。

2. 技术指标

装配式框架结构的构件及结构的安全性与质量应满足国家现行标准《装配式混凝土结构技术规程》（JGJ 1—2014）、《装配式混凝土建筑技术标准》（GB/T 51231—2016）、《混凝土结构设计规范（2015 年版）》（GB 50010—2010）、《混凝土结构工程施工规范》（GB 50666—2011）、《混凝土结构工程施工质量验收规范》（GB 50204—2015）以及《预制预应力混凝土装配整体式框架结构技术规程》（JGJ 224—2010）等的有关规定。当采用钢筋机械连接技术时，应符合现行行业标准《钢筋机械连接应用技术规程》（JGJ 107—2016）的规定；当采用钢筋套筒灌浆连接技术时，应符合现行行业标准《钢筋套筒灌浆连接应用技术规程》（JGJ 355—2015）的规定；当钢筋采用锚固板的方式锚固时，应符合现行行业标准《钢筋锚固板应用技术规程》（JGJ 256—2011）的规定。

装配整体式框架结构的关键技术指标如下：

1）装配整体式框架结构房屋的最大适用高度与现浇混凝土框架结构基本相同。

2）装配式混凝土框架结构宜采用高强混凝土、高强钢筋，框架梁和框架柱的纵向钢筋尽量选用大直径钢筋，以减少钢筋数量，拉大钢筋间距，有利于提高装配施工效率，保证施工质量，降低成本。

3）当房屋高度大于 12 m 或层数超过 3 层时，预制柱宜采用套筒灌浆连接，包括全灌浆套筒和半灌浆套筒。矩形预制柱截面宽度或圆形预制柱直径不宜小于 400 mm，且不宜小于同方向梁宽的 1.5 倍；预制柱的纵向钢筋在柱底采用套筒灌浆连接时，柱箍筋加密区长度不应小于纵向受力钢筋连接区域长度与 500 mm 之和；当纵向钢筋的混凝土保护层厚度大于 50 mm

时，宜采取增设钢筋网片等措施，控制裂缝宽度以及在受力过程中的混凝土保护层剥离脱落。当采用叠合框架梁时，后浇混凝土叠合层厚度不宜小于 150 mm，抗震等级为一级、二级叠合框架梁的梁端箍筋加密区宜采用整体封闭箍筋。

4）采用预制柱及叠合梁的装配整体式框架中，柱底接缝宜设置在楼面标高处，且后浇节点区混凝土上表面应设置粗糙面。柱纵向受力钢筋应贯穿后浇节点区，柱底接缝厚度为 20 mm，并应用灌浆料填实。装配式框架节点中，包括中间层中节点、中间层端节点、顶层中节点和顶层端节点，框架梁和框架柱的纵向钢筋的锚固和连接可采用与现浇框架结构节点的方式，对于顶层端节点还可采用柱伸出屋面并将柱纵向受力钢筋锚固在伸出段内的方式。

3. 适用范围

装配整体式混凝土框架结构可用于 6 度至 8 度抗震设防地区的公共建筑、居住建筑以及工业建筑。除 8 度（0.3 g）外，装配整体式混凝土结构房屋的最大适用高度与现浇混凝土结构相同。其他装配式混凝土框架结构，主要适用于各类低多层居住、公共与工业建筑。

4. 工程案例

中建国际合肥住宅工业化研发及生产基地项目配套综合楼、南京万科上坊保障房项目、南京万科九都荟、乐山市第一职业高中实训楼、沈阳浑南十二运安保中心、沈阳南科财富大厦、海门老年公寓、上海颛桥万达广场、上海临港重装备产业区 H36—02 地块项目等。

三、混凝土叠合楼板技术

1. 技术内容

混凝土叠合楼板技术是指将楼板沿厚度方向分成两部分：底部是预制底板，上部后浇混凝土叠合层。配置底部钢筋的预制底板作为楼板的一部分，在施工阶段作为后浇混凝土叠合层的模板承受荷载，与后浇混凝土层形成整体的叠合混凝土构件。

混凝土叠合楼板按具体受力状态，分为单向受力和双向受力叠合板；预制底板按有无外伸钢筋可分为"有胡子筋"和"无胡子筋"；拼缝按照连接方式可分为分离式接缝（即底板间不拉开的"密拼"）和整体式接缝（底板间有后浇混凝土带）。

预制底板按照受力钢筋种类可以分为预制混凝土底板和预制预应力混凝土底板：预制混凝土底板采用非预应力钢筋时，为增强刚度目前多采用桁架钢筋混凝土底板；预制预应力混凝土底板可为预应力混凝土平板和预应力混凝土带肋板、预应力混凝土空心板。

跨度大于 3 m 时预制底板宜采用桁架钢筋混凝土底板或预应力混凝土平板，跨度大于 6 m 时预制底板宜采用预应力混凝土带肋底板、预应力混凝土空心板，叠合楼板厚度大于 180 mm 时宜采用预应力混凝土空心叠合板。

保证叠合面上下两侧混凝土共同承载、协调受力是预制混凝土叠合楼板设计的关键，一般通过叠合面的粗糙度以及界面抗剪构造钢筋实现。

施工阶段是否设置可靠支撑决定了叠合板的设计计算方法。设置可靠支撑的叠合板，预制构件在后浇混凝土重量及施工荷载下，不至于发生影响内力的变形，按整体受弯构件设计计算；无支撑的叠合板，二次成形浇筑混凝土的重量及施工荷载影响了构件的内力和变形，应按二阶段受力的叠合构件进行设计计算。

2. 技术指标

1）预制混凝土叠合楼板的设计及构造要求应符合国家现行标准《混凝土结构设计规范（2015 年版）》（GB 50010—2010）、《装配式混凝土结构技术规程》（JGJ 1—2014）、《装配式混凝土建筑技术标准》（GB/T 51231—2016）的相关要求；预制底板制作、施工及短暂设计状况设计应符合《混凝土结构施工规范》（GB 50666—2011）的相关要求；施工验收应符合《混凝土结构工程施工质量验收规范》（GB 50204—2015）的相关要求。

2）相关国家建筑标准设计图集包括《桁架钢筋混凝土叠合板（60 mm 厚底板）》（15G366-1）、《预制带肋底板混凝土叠合板》（14G443）、《预应力混凝土叠合板（50 mm、60 mm 实心底板）》（06SG439-1）。

3）预制混凝土底板的混凝土强度等级不宜低于 C30；预制预应力混凝土底板的混凝土强度等级不宜低于 C40，且不应低于 C30；后浇混凝土叠合层的混凝土强度等级不宜低于 C25。

4）预制底板厚度不宜小于 60 mm，后浇混凝土叠合层厚度不应小于 60 mm。

5）预制底板和后浇混凝土叠合层之间的结合面应设置粗糙面，其面积不宜小于结合面的80%，凹凸深度不应小于 4 mm；设置桁架钢筋的预制底板，设置自然粗糙面即可。

6）预制底板跨度大于 4 m，或用于悬挑板及相邻悬挑板上部纵向钢筋在悬挑层内锚固时，应设置桁架钢筋或设置其他形式的抗剪构造钢筋。

7）预制底板采用预制预应力底板时，应采取控制反拱的可靠措施。

3. 适用范围

本技术适用于各类房屋中的楼盖结构，特别适用于住宅及各类公共建筑。

4. 工程案例

京投万科新里程、金域华府、宝业万华城、上海城建浦江基地五期经济适用房、合肥蜀山公租房、沈阳地铁惠生新城、深港新城产业化住宅等。

四、预制混凝土外墙挂板技术

1. 技术内容

预制混凝土外墙挂板是安装在主体结构上，起围护、装饰作用的非承重预制混凝土外墙板，简称外墙挂板。外墙挂板按构件构造可分为钢筋混凝土外墙挂板、预应力混凝土外墙挂板两种形式；按与主体结构连接节点构造可分为点支承连接、线支承连接两种形式；按保温形式可分为无保温、外保温、夹心保温 3 种形式；按建筑外墙功能定位可分为围护墙板和装饰墙板。各类外墙挂板可根据工程需要与外装饰、保温、门窗结合形成一体化预制墙板系统。

预制混凝土外墙挂板可采用面砖饰面、石材饰面、彩色混凝土饰面、清水混凝土饰面、露骨料混凝土饰面及表面带装饰图案的混凝土饰面等类型外墙挂板，可使建筑外墙具有独特的表现力。

预制混凝土外墙挂板在工厂采用工业化方式生产，具有施工速度快、质量好、维修费用低的优点，主要包括预制混凝土外墙挂板（建筑和结构）设计技术、预制混凝土外墙挂板加工制作技术和预制混凝土外墙挂板安装施工技术。

2. 技术指标

支承预制混凝土外墙挂板的结构构件应具有足够的承载力和刚度，民用外墙挂板仅限跨越一个层高和一个开间，厚度不宜小于 100 mm，混凝土强度等级不低于 C25，主要技术指标如下：

1）结构性能应满足现行国家标准《混凝土结构设计规范（2015 年版）》（GB 50010—2010）和《混凝土结构工程施工质量验收规范》（GB 50204—2015）的要求；

2）装饰性能应满足现行国家标准《建筑装饰装修工程质量验收规范》（GB 50210—2018）要求；

3）保温隔热性能应满足设计及现行行业标准《民用建筑节能设计标准》（JGJ 26—2010）要求；

4）抗震性能应满足国家现行标准《装配式混凝土结构技术规程》（JGJ 1—2014）、《装配式混凝土建筑技术标准》（GB/T 51231—2016）的要求。与主体结构采用柔性节点连接，地震时适应结构层间变位性能好，抗震性能满足抗震设防烈度为 8 度的地区应用要求。

5）构件燃烧性能及耐火极限应满足现行国家标准《建筑防火设计规范》（GB 50016—2014）的要求。

6）作为建筑围护结构产品定位应与主体结构的耐久性要求一致，即不应低于 50 年设计使用年限，饰面装饰（涂料除外）及预埋件、连接件等配套材料耐久性设计使用年限不低于 50 年，其他如防水材料、涂料等应采用 10 年质保期以上的材料，定期进行维护更换。

7）外墙挂板防水性能与有关构造应符合国家现行有关标准的规定，并符合《10 项新技术》第 8.6 节的有关规定。

3. 适用范围

预制混凝土外挂墙板适用于工业与民用建筑的外墙工程，可广泛应用于混凝土框架结构、钢结构的公共建筑、住宅建筑和工业建筑中。

4. 工程案例

国家网球中心、奥运会射击馆、（北京）中建技术中心实验楼、（北京）软通动力研发楼、北京昌平轻轨站、国家图书馆二期、河北怀来迦南葡萄酒厂、大连 IBM 办公楼、苏州天山厂房、威海名座、武汉琴台文化艺术中心、安慧千伏变电站、拉萨火车站；杭州奥体中心体育游泳馆、扬州体育公园体育场、济南万科金域国际、天津万科东丽湖。

五、夹心保温墙板技术

1. 技术内容

三明治夹心保温墙板（以下简称"夹心保温墙板"）是指把保温材料夹在两层混凝土墙板（内叶墙、外叶墙）之间形成的复合墙板，可达到增强外墙保温节能性能，减小外墙火灾危险，提高墙板保温寿命从而减少外墙维护费用的目的。夹心保温墙板一般由内叶墙、保温板和拉接件和外叶墙组成，形成类似于三明治的构造形式，内叶墙和外叶墙一般为钢筋混凝土材料，保温板一般为 B1 或 B2 级有机保温材料，拉接件一般为 FRP 高强复合材料或不锈钢材质。夹心保温墙板可广泛应用于预制墙板或现浇墙体中，但预制混凝土外墙更便于采用夹心保温墙板技术。

根据夹心保温外墙的受力特点，可分为非组合夹心保温外墙、组合夹心保温外墙和部分组合夹心保温外墙。其中非组合夹心保温外墙内外叶混凝土受力相互独立，易于计算和设计，可适用于各种高层建筑的剪力墙和围护墙；组合夹心保温外墙的内外叶混凝土需要共同受力，一般只适用于单层建筑的承重外墙或作为围护墙；部分组合夹心保温外墙的受力介于组合和非组合之间，受力非常复杂，计算和设计难度较大，其应用方法及范围有待进一步研究。

非组合夹心墙板一般由内叶墙承受所有的荷载作用，外叶墙起到保温材料的保护层作用，两层混凝土之间可以产生微小的相互滑移，保温拉接件对外叶墙的平面内变形约束较小，可以释放外叶墙在温差作用下产生的温度应力，从而避免外叶墙在温度作用下产生开裂，使得外叶墙、保温板与内叶墙和结构同寿命。我国装配混凝土结构预制外墙主要采用的是非组合夹心墙板。

夹心保温墙板中的保温拉结件布置应综合考虑墙板生产、施工和正常使用工况下的受力安全和变形影响。

2. 技术指标

夹心保温墙板的设计应该与建筑结构同寿命，墙板中的保温拉结件应具有足够的承载力和变形性能。非组合夹心墙板应遵循"外叶墙混凝土在温差变化作用下能够释放温度应力，与内叶墙之间能够形成微小的自由滑移"的设计原则。

对于非组合夹心保温外墙的拉结件在与混凝土共同工作时，承载力安全系数应满足以下要求：对于抗震设防烈度为 7 度、8 度地区，考虑地震组合时安全系数不小于 3.0，不考虑地震组合时安全系数不小于 4.0；对于 9 度及以上地区，必须考虑地震组合，承载力安全系数不小于 3.0。

非组合夹心保温墙板的外叶墙在自重作用下垂直位移应控制在一定范围内，内叶墙、外叶墙之间不得有穿过保温层的混凝土连通桥。

夹心保温墙板的热工性能应满足节能计算要求。拉结件本身应满足力学、锚固及耐久等性能要求，拉结件的产品与设计应用应符合国家现行有关标准的规定。

3. 适用范围

本技术适用于高层及多层装配式剪力墙结构外墙、高层及多层装配式框架结构非承重外墙挂板、高层及多层钢结构非承重外墙挂板等外墙形式，可用于各类居住与公共建筑。

4. 工程案例

北京万科中粮假日风景、天津万科东丽湖项目、沈阳地铁开发公司凤凰新城、沈阳地铁开发公司惠生小区及惠民小区、北京郭公庄保障房项目、北京旧宫保障房、济南西区济水上苑 17#楼、济南港兴园保障房、中建科技武汉新洲区阳逻深港新城、合肥宝业润园项目、上海保利置业南大项目、长沙三一保障房项目、乐山华构办公楼、天津远大北京实创基地公租房等。

六、叠合剪力墙结构技术

1. 技术内容

叠合剪力墙结构是指采用两层带格构钢筋（桁架钢筋）的预制墙板，现场安装就位后，在两层板中间浇筑混凝土，辅以必要的现浇混凝土剪力墙、边缘构件、楼板，共同形成的叠合剪力墙结构。在工厂生产预制构件时，设置桁架钢筋，既可作为吊点，又增加平面外刚度，防止起吊时开裂。在使用阶段，桁架钢筋作为连接墙板的两层预制片与二次浇筑夹心混凝土之间的拉结筋，可提高结构整体性能和抗剪性能。同时，这种连接方式区别于其他装配式结构体系，板与板之间无拼缝，无须做拼缝处理，防水性好。

利用信息技术，将叠合式墙板和叠合式楼板的生产图纸转化为数据格式文件，直接传输到工厂主控系统读取相关数据，并通过全自动流水线，辅以机械支模手进行构件生产，所需人工少，生产效率高，构件精度达毫米级。同时，构件形状可自由变化，在一定程度上解决了"模数化限制"的问题，突破了个性化设计与工业化生产的矛盾。

2. 技术指标

叠合剪力墙结构采用与现浇剪力墙结构相同的方法进行结构分析与设计，其主要力学技术指标与现浇混凝土结构相同，但当同一层内既有预制又有现浇抗侧力构件时，地震设计状况下宜对现浇水平抗侧力构件在地震作用下的弯矩和剪力乘以不小于 1.1 的增大系数。高层叠合剪力墙结构其建筑高度、规则性、结构类型应满足现行国家标准《装配式混凝土建筑技术标准》（GB/T 51231—2016）等规范标准要求。

结构与构件的设计应满足现行国家标准《建筑结构荷载规范》（GB 50009—2012）、《建筑抗震设计规范（2016 年版）》（GB 50011—2010）、《混凝土结构设计规范（2015 年版）》（GB 50010—2010）和《装配式混凝土建筑技术标准》（GB/T 51231—2016）等的要求。

3. 适用范围

本技术适用于抗震设防烈度为 6 度至 8 度的多层、高层建筑，包含工业与民用建筑。除了地上，本技术结构体系具有良好的整体性和防水性能，还适用于地下工程，包含地下室、地下车库、地下综合管廊等。

4. 工程案例

青浦爱多邦、万华城 23 号楼、上海地产曹路保障房、袍江保障房、滨湖润园、南岗第二公租房、滨湖桂园保障房、新站区公租房、天门湖公租房、经开区出口加工区公租房、合肥保障试验楼、1 号试验楼、蚌埠大禹家园等；南翔星信综合体、中纺 CBD 商业中心、之江学院等；顺园大规模地下车库、青年城半地下车库、滨湖康园地下车库、临湖二期地下人防等。

七、预制预应力混凝土构件技术

1. 技术内容

预制预应力混凝土构件是指通过工厂生产并采用先张预应力技术的各类水平和竖向构

件，其主要包括：预制预应力混凝土空心板、预制预应力混凝土双 T 板、预制预应力梁以及预制预应力墙板等。各类预制预应力水平构件可形成装配式或装配整体式楼盖，空心板、双 T 板可不设后浇混凝土层，也可根据使用要求与结构受力要求设置后浇混凝土层。预制预应力梁可为叠合梁，也可为非叠合梁。预制预应力墙板可应用与各类公共建筑与工业建筑中。

预制预应力混凝土构件的优势在于采用高强预应力钢丝、钢绞线，可以节约钢筋和混凝土用量，并降低楼盖结构高度，施工阶段普遍不设支撑而节约支模费用，综合经济效益显著。预制预应力混凝土构件组成的楼盖具有承载能力大，整体性好，抗裂度高等优点，完全符合"四节一环保"的绿色施工标准，以及建筑工业化的发展要求。预制预应力技术可增加墙板的长度，有利于实现多层一墙板。

2. 技术指标

1）预应力混凝土空心板的标志宽度为 1.2 m，也有 0.6 m、0.9 m 等其他宽度；标准板高 100 mm、120 mm、150 mm、180 mm、200 mm、250 mm、300 mm、380 mm 等；不同截面高度能够满足的板轴跨度为 3～18 m。

2）预应力混凝土双 T 板包括双 T 坡板和双 T 平板，坡板的标志宽度为 2.4 m、3.0 m 等，坡板的标志跨度为 9 m、12 m、15 m、18 m、21 m、24 m 等；平板的标志跨度为 2.0 m、2.4 m、3.0 m 等，平板的标志跨度为 9 m、12 m、15 m、18 m、21 m、24 m 等。

3）预应力混凝土梁跨度根据工程实际确定，在工业建筑中多为 6 m、7.5 m、9 m 跨度。

4）预应力混凝土墙板多为固定宽度（1.5 m、2.0 m、3.0 m 等），长度根据柱距或层高确定。

根据工程需要，也可采用非标跨度、宽度的构件，采用单独设计的方法即可。

预制预应力混凝土板的生产、安装、施工应满足国家现行标准《混凝土结构设计规范（2015 年版）》（GB 50010—2010）、《混凝土结构工程施工质量验收规范》（GB 50204—2015）、《装配式混凝土结构技术规程》（JGJ 1—2014）的有关规定。工程应用可执行《预应力混凝土圆孔板》（03SG435-1～2）、《SP 预应力空心板》（05SG408）、《预应力混凝土双 T 板》（06SG432-1）、《预应力混凝土双 T 板（平板，宽度 2.0 m、2.4 m、3.0 m）》（09SG432-2）、《预应力混凝土双 T 板（坡度宽度 3.0 mm）》（08SG432-3）、《大跨度预应力空心板（跨度 4.2～18.0m）》（13G440）等国家建筑标准设计图集，直接选用预制构件，也可根据工程情况单独设计。

3. 适用范围

本技术广泛适用于各类工业与民用建筑中。预应力混凝土空心板可用于混凝土结构、钢结构建筑中的楼盖与外墙挂板，预应力混凝土双 T 板多用于公共建筑、工业建筑的楼盖、屋盖，其中双 T 坡板仅用于屋盖，9 m 以内跨度楼盖，可采用预应力空心板（SP 板）+后浇叠合层的叠合楼盖，9 m 以内的超重载及 9 m 以上的楼盖，采用预应力混凝土双 T 板+后浇叠合层的叠合楼盖。预制预应力梁截面可为矩形、花篮梁或 L 形、倒 T 形，便于与预应力混凝土双 T 板和空心板连接。

4. 工程案例

青岛鼎信通讯科技产业园厂房，采用重载双 T 板叠合楼盖；乐山市第一职业高中实训楼，采用预制预应力空心板楼盖。

八、钢筋套筒灌浆连接技术

1.技术内容

钢筋套筒灌浆连接技术是指带肋钢筋插入内腔为凹凸表面的灌浆套筒，通过向套筒与钢筋的间隙灌注专用高强水泥基灌浆料，灌浆料凝固后将钢筋锚固在套筒内实现针对预制构件的一种钢筋连接技术。该技术将灌浆套筒预埋在混凝土构件内，在安装现场从预制构件外通过注浆管将灌浆料注入套筒，来完成预制构件钢筋的连接，是预制构件中受力钢筋连接的主要形式，主要用于各种装配整体式混凝土结构的受力钢筋连接。

钢筋套筒灌浆连接接头由钢筋、灌浆套筒、灌浆料3种材料组成，其中灌浆套筒分为半灌浆套筒和全灌浆套筒，半灌浆套筒连接的接头一端为灌浆连接，另一端为机械连接。

钢筋套筒灌浆连接施工流程主要包括：预制构件在工厂完成套筒与钢筋的连接、套筒在模板上的安装固定和进出浆管道与套筒的连接，在建筑施工现场完成构件安装、灌浆腔密封、灌浆料加水拌和及套筒灌浆。

竖向预制构件的受力钢筋连接可采用半灌浆套筒或全灌浆套筒。构件宜采用连通腔灌浆方式，并应合理划分连通腔区域。构件也可采用单个套筒独立灌浆，构件就位前水平缝处应设置坐浆层。套筒灌浆连接应采用由经接头型式检验确认的与套筒相匹配的灌浆料，使用与材料工艺配套的灌浆设备，以压力灌浆方式将灌浆料从套筒下方的进浆孔灌入，从套筒上方出浆孔流出，及时封堵进出浆孔，确保套筒内有效连接部位的灌浆料填充密实。

水平预制构件纵向受力钢筋在现浇带处连接可采用全灌浆套筒连接。套筒安装到位后，套筒注浆孔和出浆孔应位于套筒上方，使用单套筒灌浆专用工具或设备进行压力灌浆，灌浆料从套筒一端进浆孔注入，从另一端出浆口流出后，进浆、出浆孔接头内灌浆料浆面均应高于套筒外表面最高点。

套筒灌浆施工后，灌浆料同条件养护试件的抗压强度达到35 MPa后，方可进行对接头有扰动的后续施工。

2. 技术指标

钢筋套筒灌浆连接技术的应用须满足国家现行标准《装配式混凝土技术规程》（JGJ 1—2014）、《钢筋套筒灌浆连接应用技术规程》（JGJ 355—2015）和《装配式混凝土建筑技术标准》（GB/T 51231—2016）的相关规定。钢筋套筒灌浆连接的传力机理比传统机械连接更复杂，《钢筋套筒灌浆连接应用技术规程》（JGJ 355—2015）对钢筋套筒灌浆连接接头性能、型式检验、工艺检验、施工与验收等进行了专门要求。

灌浆套筒按加工方式分为铸造灌浆套筒和机械加工灌浆套筒。铸造灌浆套筒宜选用球墨铸铁，机械加工套筒宜选用优质碳素结构钢、低合金高强度结构钢、合金结构钢或其他经过接头型式检验确定符合要求的钢材。

灌浆套筒的设计、生产和制造应符合现行行业标准《钢筋连接用灌浆套筒》（JG/T 398—2012）的相关规定，专用水泥基灌浆料应符合现行行业标准《钢筋连接用套筒灌浆料》（JG/T

408—2013）的各项要求。当采用其他材料的灌浆套筒时，套筒性能指标应符合有关产品标准的规定。

套筒材料主要性能指标：球墨铸铁灌浆套筒的抗拉强度不小于 550 MPa，断后伸长率不小于 5%，球化率不小于 85%；各类钢制灌浆套筒的抗拉强度不小于 600 MPa，屈服强度不小于 355 MPa，断后伸长率不小于 16%；其他材料套筒符合有关产品标准要求。

灌浆料主要性能指标：初始流动度不小 300 mm，30 min 流动度不小于 260 mm，1 d 抗压强度不小于 35 MPa，28 d 抗压强度不小于 85 MPa。

套筒材料在满足断后伸长率等指标要求的情况下，可采用抗拉强度超过 600 MPa（如 900 MPa、1 000 MPa）的材料，以减小套筒壁厚和外径尺寸，也可根据生产工艺采用其他强度的钢材。灌浆料在满足流动度等指标要求的情况下，可采用抗压强度超过 85 MPa（如 110 MPa、130 MPa）的材料，以便于连接大直径钢筋、高强钢筋和缩短灌浆套筒长度。

3. 适用范围

本技术适用于装配整体式混凝土结构中直径 12～40 mm 的 HRB400、HRB500 钢筋的连接，包括：预制框架柱和预制梁的纵向受力钢筋、预制剪力墙竖向钢筋等的连接，也可用于既有结构改造现浇结构竖向及水平钢筋的连接。

4. 工程案例

北京长阳半岛、紫云家园、长阳天地、金域华府、沈阳春河里、沈阳十二运安保中心、南科财富大厦、华润紫云府、万科铁西蓝山、长春一汽技术中心停车楼、大连万科城、南京上坊青年公寓、万科九都荟、合肥蜀山四期公租房、庐阳湖畔新城、上海佘北大型居住社区、青浦新城、浦东新区民乐大型居住社区、龙信老年公寓、龙信广场、中南世纪城、成都锦丰新城、西安兴盛家园、乌鲁木齐龙禧佳苑、福建建超工业化楼等。

九、装配式混凝土结构建筑信息模型应用技术

1. 技术内容

利用建筑信息模型（BIM）技术，实现装配式混凝土结构的设计、生产、运输、装配、运维的信息交互和共享，实现装配式建筑全过程一体化协同工作。应用 BIM 技术，装配式建筑、结构、机电、装饰装修全专业协同设计，实现建筑、结构、机电、装修一体化；设计 BIM 模型直接对接生产、施工，实现设计、生产、施工一体化。

2. 技术指标

建筑信息模型（BIM）技术指标主要有支撑全过程 BIM 平台技术、设计阶段模型精度、各类型部品部件参数化程度、构件标准化程度、设计直接对接工厂生产系统 CAM 技术，以及基于 BIM 与物联网技术的装配式施工现场信息管理平台技术。装配式混凝土结构设计应符合国家现行标准《装配式混凝土建筑技术标准》（GB/T 51231—2016）、《装配式混凝土结构技术规程》（JGJ 1—2014）和《混凝土结构设计规范（2015 年版）》（GB 50010—2010）等的有关要求，也可选用《预制混凝土剪力墙外墙板》（15G365-1）、《预制钢筋混凝土阳台板、空调板及女儿墙》（15G368-1）等国家建筑标准设计图集。

除上述各项规定外，针对建筑信息模型技术的特点，在装配式建筑全过程 BIM 技术应用还应注意以下关键技术内容：

1）搭建模型时，应采用统一标准格式的各类型构件文件，且各类型构件文件应按照固定、规范的插入方式，放置在模型的合理位置。

2）预制构件出图排版阶段，应结合构件类型和尺寸，按照相关图集要求进项图纸排版，尺寸标注、辅助线段和文字说明，采用统一标准格式，并满足现行国家标准《建筑制图标准》（GB/T 50104—2010）和《建筑结构制图标准》（GB/T 50105—2010）。

3）预制构件生产，应接力设计 BIM 模型，采用"BIM+MES+CAM"技术，实现工厂自动化钢筋生产、构件加工；应用二维码技术、RFID 芯片等可靠识别与管理技术，结构工厂生产管理系统，实现可追溯的全过程质量管控。

4）应用"BIM+物联网+GPS"技术，进行装配式预制构件运输过程追溯管理、施工现场可视化指导堆放、吊装等，实现装配式建筑可视化施工现场信息管理平台。

3. 适用范围

1）装配式剪力墙结构：预制混凝土剪力墙外墙板，预制混凝土剪力墙叠合板板，预制钢筋混凝土阳台板、空调板及女儿墙等构件的深化设计、生产、运输与吊装。

2）装配式框架结构：预制框架柱、预制框架梁、预制叠合板、预制外挂板等构件的深化设计、生产、运输与吊装。

3）异形构件的深化设计、生产、运输与吊装。异形构件分为结构形式异形构件和非结构形式异形构件，结构形式异形构件包括有坡屋面、阳台等；非结构形式异形构件有排水檐沟、建筑造型等。

4. 工程案例

北京三星中心商业金融项目、五和万科长阳天地项目、合肥湖畔新城复建点项目、北京天竺万科中心项目、成都青白江大同集中安置房项目、清华苏世民书院项目、中建海峡（闽清）绿色建筑科技产业园综合楼项目、北京门头沟保障性自住商品房项目等。

十、预制构件工厂化生产加工技术

1. 技术内容

预制构件工厂化生产加工技术，指采用自动化流水线、机组流水线、长线台座生产线生产标准定型预制构件并兼顾异型预制构件，采用固定台模线生产房屋建筑预制构件，满足预制构件的批量生产加工和集中供应要求的技术。

工厂化生产加工技术包括预制构件工厂规划设计、各类预制构件生产工艺设计、预制构件模具方案设计及其加工技术、钢筋制品机械化加工和成型技术、预制构件机械化成型技术、预制构件节能养护技术以及预制构件生产质量控制技术。

非预应力混凝土预制构件生产技术涵盖混凝土技术、钢筋技术、模具技术、预留预埋技术、浇筑成型技术、构件养护技术，以及吊运、存储和运输技术等，代表构件有桁架钢筋预制板、梁柱构件、剪力墙板构件等。预应力混凝土预制构件生产技术还涵盖先张法和后张有粘结预制构件的生产技术，除了建筑工程中使用的预应力圆孔板、双 T 板、屋面梁、屋架、屋面板等，还包括市政和公路领域的预制桥梁构件等，重点研究预应力生产工艺和质量控制技术。

2. 技术指标

工厂化科学管理、自动化智能生产带来质量品质得到保证和提高；构件外观尺寸加工精度可达±2 mm，混凝土强度标准差不大于 4.0 MPa，预留预埋尺寸精度可达±1 mm，保护层厚度控制偏差±3 mm，通过预应力和伸长值偏差控制保证预应力构件起拱满足设计要求并处于同一水平，构件承载力满足设计和规范要求。

预制构件的几何加工精度控制、混凝土强度控制、预埋件的精度、构件承载力性能、保护层厚度控制、预应力构件的预应力要求等尚应符合设计（包括标准图集）及有关标准的规定。

预制构件生产的效率指标、成本指标、能耗指标、环境指标和安全指标，应满足有关要求。

3. 适用范围

本技术适用于建筑工程中各类钢筋混凝土和预应力混凝土预制构件。

4. 工程案例

北京万科金域缇香预制墙板和叠合板，（北京）中粮万科长阳半岛预制墙板、楼梯、叠合板和阳台板，沈阳惠生保障房预制墙板、叠合板和楼梯，国家体育场（鸟巢）看台板，国家网球中心预制挂板，深圳大运会体育中心体育场看台板，杭州奥体中心体育游泳馆预制外挂墙板和铺地板，济南万科金域国际预制外挂墙板板和叠合楼板，（长春）一汽技术中心停车楼预制墙板和双 T 板，武汉琴台文化艺术中心预制清水混凝土外挂墙板，河北怀来迦南葡萄酒厂预制彩色混凝土外挂墙板，某供电局生产基地厂房预制柱、屋面板和吊车梁，市政公路用预制 T 梁和厢梁、预制管片、预制管廊等。

第二节　装配式钢结构技术

一、钢结构高效焊接技术

1. 技术内容

当前钢结构制作安装施工中能有效提高焊接效率的技术有：焊接机器人技术；双（多）丝埋弧焊技术；免清根焊接技术；免开坡口熔透焊技术；窄间隙焊接技术。

焊接机器人技术克服手工焊接受劳动强度、焊接速度等因素的制约，可结合双（多）丝、免清根、免开坡口等技术，实现大电流、高速、低热输入的连续焊接，大幅提高焊接效率；双（多）丝埋弧焊技术熔敷量大，热输入小，速度快，焊接效率及质量提升明显；免清根焊接技术通过采用陶瓷衬垫和优化坡口形式（如 U 形坡口），省略掉碳弧气刨工序，缩短焊接时长，减少焊缝熔敷量，同时可避免渗碳对板材力学性能的影响；免开坡口熔透焊技术采用单丝可

实现 $t\leqslant12\text{ mm}$ 板厚熔透焊接，采用双（多）丝可实现 $t\leqslant20\text{ mm}$ 板厚熔透焊接，免除坡口加工工序；窄间隙焊接技术剖口窄小，焊丝熔敷填充量小，相比常规坡口角度焊缝可减少 1/2～2/3 的焊丝熔敷量，焊接效率提高明显，焊材成本降低明显，效率提高和能源节省的效益明显。

2. 技术指标

焊接工艺参数须按《钢结构焊接规范》（GB 50661—2011）的要求，满足焊接工艺评定试验要求；承载静荷载结构焊缝和需疲劳验算结构的焊缝，须按《钢结构焊接规范》（GB 50661—2011）分别进行焊缝外观质量检验和内部质量无损检测；焊缝超声波检测等级不低于 B 级，母材厚度超过 100 mm 应进行双面双侧检验。

3. 适用范围

本技术适用于所有钢结构工厂制作、现场安装的焊接。

4. 工程案例

国家体育中心、深圳市平安金融中心、天津市高银 117 大厦、天津市周大福、南京市金鹰商业广场等。

二、钢结构防腐防火技术

1. 技术内容

1）防腐涂料涂装：

在涂装前，必须对钢构件表面进行除锈。除锈方法应符合设计要求或根据所用涂层类型的需要确定，并达到设计规定的除锈等级。常用的除锈方法有喷射除锈、抛射除锈、手工和动力工具除锈等。涂料的配制应按涂料使用说明书的规定执行，当天使用的涂料应当天配制，不得随意添加稀释剂。涂装施工可采用刷涂、滚涂、空气喷涂和高压无气喷涂等方法。宜在温度、湿度合适的封闭环境下，根据被涂物体的大小、涂料品种及设计要求，选择合适的涂装方法。构件在工厂加工涂装完毕，现场安装后，针对节点区域及损伤区域需进行二次涂装。

近年来，水性无机富锌漆凭借优良的防腐性能，外加耐光耐热好、使用寿命长等特点，常用于对环境和条件要求苛刻的钢结构领域。

2）防火涂料涂装：

防火涂料分为薄涂型和厚涂型两种，薄涂型防火涂料通过遇火灾后涂料受热材料膨胀延缓钢材升温，厚涂型防火涂料通过防火材料吸热延缓钢材升温，根据工程情况选取使用。

薄涂型防火涂料的底涂层（或主涂层）宜采用重力式喷枪喷涂，其压力约为 0.4 MPa。局部修补和小面积施工，可用手工涂抹。面涂层装饰涂料可刷涂、喷涂或滚涂。双组分装薄涂型涂料，现场应按说明书规定调配；单组分薄涂型涂料应充分搅拌。喷涂后，不应发生流淌和下坠。

厚涂型防火涂料宜采用压送式喷涂机喷涂，空气压力为 0.4～0.6 MPa，喷枪口直径宜为 6～10 mm。配料时应严格按配合比加料和稀释剂，并使稠度适宜，当班使用的涂料应当班配制。厚涂型防火涂料施工时应分遍喷涂，每遍喷涂厚度宜为 5～10 mm，必须在前一遍基本干燥或固化后，再喷涂下一遍，涂层保护方式、喷涂遍数与涂层厚度应根据施工方案确定。操作者应用测厚仪随时检测涂层厚度，80% 及以上面积的涂层总厚度应符合有关耐火极限的设计要求，且最薄处厚度不应低于设计要求的 85%。

钢结构防火涂层不应有误涂、漏涂，涂层应闭合，无脱层、空鼓、明显凹陷、粉化松散和浮浆等外观缺陷，乳突已剔除；保护裸露钢结构及露天钢结构的防火涂层的外观应平整，颜色装饰应符合设计要求。

2. 技术指标

1）防腐涂料涂装技术指标：

防腐涂料中环境污染物的含量应符合《民用建筑工程室内环境污染控制规范（2013 年版）》（GB 50325—2010）的规定和要求。涂装之前钢材表面除锈等级应符合设计要求，设计无要求时应符合《涂覆涂料前钢材表面处理 表面清洁度的目视评定 第 1 部分：未涂覆过的钢材表面和全面清除原有涂层后的钢材表面的锈蚀等级和处理等级》（GB/T 8923.1—2011）的规定评定等级。涂装施工环境的温度、湿度、基材温度要求，应根据产品使用说明确定，无明确要求的，宜按照环境温度 5～38℃，空气湿度小于 85%，基材表面温度高于露点 3℃ 以上的要求控制，雨、雪、雾、大风等恶劣天气严禁户外涂装。涂装遍数、涂层厚度应符合设计要求，当设计对涂层厚度无要求时，涂层干漆膜总厚度：室外应为 150 μm，室内应为 125 μm，允许偏差为 -25 μm。每遍涂层干膜厚度的允许偏差为 -5 μm。

当钢结构处在有腐蚀介质或露天环境且设计有要求时，应进行涂层附着力测试，可按照现行国家标准《漆膜附着力测定法》（GB 1720—1979）或《色漆和清漆 漆膜的划格试验》（GB/T 9286—1998）执行。在检测范围内，涂层完整程度达到 70% 以上即为合格。

2）防火涂料涂装技术指标：

钢结构防火材料的性能、涂层厚度及质量要求应符合《钢结构防火涂料通用技术条件》（GB 14907—2018）和《钢结构防火涂料应用技术规程》（CECS 24—1990）的规定和设计要求，防火材料中环境污染物的含量应符合《民用建筑工程室内环境污染控制规范（2013 年版）》（GB 50325—2010）的规定和要求。

钢结构防火涂料生产厂家必须有防火监督部门核发的生产许可证。防火涂料应通过国家检测机构检测合格。产品必须具有国家检测机构的耐火极限检测报告和理化性能检测报告，并应附有涂料品种、名称、技术性能、制造批量、贮存期限和使用说明书。在施工前应复验防火涂料的黏结强度和抗压强度。防火涂料施工过程中和涂层干燥固化前，环境温度宜保持在5～38℃，相对湿度不宜大于 90%，空气应流通。当风速大于 5 m/s，或雨天和构件表面有结露时，不宜作业。

3. 适用范围

钢结构防腐涂装技术适用于各类建筑钢结构。

薄涂型防火涂料涂装技术适用于工业、民用建筑楼盖与屋盖钢结构；厚涂型防火涂料涂装技术适用于有装饰面层的民用建筑钢结构柱、梁。

4. 工程案例

广州东塔、无锡国金、武汉中心、武汉机场 T3 航站楼、深圳平安金融中心、武汉国际博览中心等。

三、钢与混凝土组合结构应用技术

1. 技术内容

型钢与混凝土组合结构主要包括钢管混凝土柱，十字型、H 型、箱型、组合型钢混凝土柱，钢管混凝土叠合柱，小管径薄壁（＜16 mm）钢管混凝土柱，组合钢板剪力墙，型钢混凝土剪力墙，箱型、H 型钢骨梁，型钢组合梁等。钢管混凝土可显著减小柱的截面尺寸，提高承载力；型钢混凝土柱承载能力高，刚度大且抗震性能好；钢管混凝土叠合柱具有承载力高，抗震性能好同时也有较好的耐火性能和防腐蚀性能；小管径薄壁（＜16 mm）钢管混凝土柱具有钢管混凝土柱的特点，同时还具有断面尺寸小、重量轻等特点；组合梁承载能力高且高跨比小。

钢管混凝土组合结构施工简便，梁柱节点采用内环板或外环板式，施工与普通钢结构一致，钢管内的混凝土可采用高抛免振捣混凝土，或顶升法施工钢管混凝土。关键技术是设计合理的梁柱节点与确保钢管内浇捣混凝土的密实性。

型钢混凝土组合结构除了钢结构优点外还具备混凝土结构的优点，同时结构具有良好的防火性能。关键技术是如何合理解决梁柱节点区钢筋的穿筋问题，以确保节点良好的受力性能与加快施工速度。

钢管混凝土叠合柱是钢管混凝土和型钢混凝土的组合形式，具备了钢管混凝土结构的优点，又具备了型钢混凝土结构的优点。关键技术是如何合理选择叠合柱与钢筋混凝土梁连接节点，保证传力简单、施工方便。

小管径薄壁（＜16 mm）钢管混凝土柱具有钢管混凝土柱的优点，又具有断面小、自重轻等特点，适合于钢结构住宅的使用。关键技术是在处理梁柱节点时采用横隔板贯通构造，保证传力同时又方便施工。

组合钢板剪力墙、型钢混凝土剪力墙具有更好的抗震承载力和抗剪能力，提高了剪力墙的抗拉能力，可以较好地解决剪力墙墙肢在风与地震作用组合下出现受拉的问题。

钢混组合梁是在钢梁上部浇筑混凝土，形成混凝土受压、钢结构受拉的截面合理受力形式，充分发挥钢与混凝土各自的受力性能。组合梁施工时，钢梁可作为模板的支撑。组合梁设计时要确保钢梁与混凝土结合面的抗剪性能，又要充分考虑钢梁各工况下从施工到正常使用各阶段的受力性能。

2. 技术指标

钢管混凝土构件的径厚比 D/t 宜为 20～135、套箍系数 θ 宜为 0.5～2.0、长径比不宜大于 20；矩形钢管混凝土受压构件的混凝土工作承担系数 αc 应控制在 0.1～0.7；型钢混凝土框架柱的受力型钢的含钢率宜为 4%～10%。

组合结构执行《组合结构技术规范》（JGJ 138—2016）、《钢管混凝土结构技术规范》（GB 50936—2014）、《钢-混凝土组合结构施工规范》（GB 50901—2013）、《钢管混凝土工程施工质量验收规范》（GB 50628—2010）。

3. 适用范围

钢管混凝土特别适用于高层、超高层建筑的柱及其他有重载承载力设计要求的柱；型钢混凝土适合于高层建筑外框柱及公共建筑的大柱网框架与大跨度梁设计；钢混组合梁适用于结构跨度较大而高跨比又有较高要求的楼盖结构；钢管混凝土叠合柱主要适用于高层、超高层建筑的柱及其他有承载力要求较高的柱；小管径薄壁钢管混凝土柱适用于多高层住宅。

4. 工程案例

北京中国尊大厦、天津高银 117 大厦、深圳平安金融中心、福建省厦门国际中心、重庆嘉陵帆影、郑州绿地中央广场、福州市东部新城商务办公中心区、杭州钱江世纪城人才专项用房。

四、钢结构住宅应用技术

1. 技术内容

钢结构住宅建筑设计应以集成化住宅建筑为目标，应按模数协调的原则实现构配件标准化、设备产品定型化。采用钢结构作为住宅的主要承重结构体系，对于低密度住宅宜采用冷弯薄壁型钢结构体系为主，墙体为墙柱加石膏板，楼盖为 C 形格栅加轻板；对于多、高层住宅结构体系可选用钢框架、框架支撑（墙板）、筒体结构、钢框架-钢混组合等体系，楼盖结构宜采用钢筋桁架楼承楼板、现浇钢筋混凝土结构以及装配整体式楼板，墙体为预制轻质板或轻质砌块。目前钢结构住宅的主要发展方向有可适用于多层的采用带钢板剪力墙或与普钢混合的轻钢结构；可适用于低、多层的基于方钢管混凝土组合异形柱和外肋环板节点为主的钢框架体系；可适用于高层以钢框架与混凝土筒体组合构成的混合结构或以带钢支撑的框架结构，以及适用于高层的基于方钢管混凝土组合异形柱和外肋环板节点为主的框架-支撑和框架-核心筒体系以及钢管束组合剪力墙结构体系。

轻型钢结构住宅的钢构件宜选用热轧 H 型钢、高频焊接或普通焊接的 H 型钢、冷轧或热轧成型的钢管、钢异形柱等；多高层钢结构住宅结构柱材料可采用纯钢柱或钢管混凝土柱等，柱截面形状可采用矩形、圆形、L 形等；外墙体可为砂加气板、灌浆料墙板或蒸压加气混凝土砌块，内墙体可选用轻钢龙骨石膏板等板材，楼板可为钢筋桁架楼承板、叠合板或现浇板。

除常见的装配化钢结构住宅结构体系，模块钢结构建筑开始发展。模块建筑是将传统房屋以单个房间或一定的三维建筑空间进行模块单元划分，每个单元都在工厂预制且精装修，单元运输到工地整体连接而成的一种新型建筑形式。根据结构形式的不同可分为：全模块建筑结构体系以及复合模块建筑结构体系，复合模块建筑结构体系又可分为：模块单元与传统框架结构复合体系、模块单元与板体结构复合体系、外骨架（巨型框架）模块建筑结构体系、模块单元与剪力墙或核心筒复合结构体系；模块外围护墙板可选用加气混凝土板、薄板钢骨复合轻质外墙、轻集料混凝土与岩棉板复合墙板；模块底板可采用钢筋混凝土结构底板、轻型结构底板；顶板可为双面钢板夹芯板。

钢结构住宅建设要以产业化为目标做好墙板的配套工作，以试点工程为基础做好钢结构住宅的推广工作。

2. 技术指标

钢结构住宅结构设计应符合工厂生产、现场装配的工业化生产要求，构件及节点设计宜标准化、通用化、系列化，在结构设计中应合理确定建筑结构体的装配率。

钢材性能应符合现行国家标准《钢结构设计规范》（GB 50017—2017）和《建筑结构荷载规范》（GB 50009—2012）的规定，可优先选用高性能钢材。

钢结构住宅应遵循现行国家标准《装配式钢结构建筑技术标准》（GB/T 51232—2016）进行设计，按现行国家标准《建筑工程抗震设防分类标准》（GB 50223）的规定确定其抗震设防类别，并应按现行国家标准《建筑抗震设计规范（附条文说明）（2016 年版）》（GB 50011—2010）进行抗震设计。结构高度大于 80 m 的建筑宜验算风荷载的舒适性。

钢结构住宅的防火等级应按现行国家标准《建筑设计防火规范（2018 年版）》（GB 50016—2014）确定，防火材料宜优先选用防火板，板厚应根据耐火时限和防火板产品标准确定，承重的钢构件耐火时限应满足相关要求。

3. 适用范围

冷弯薄壁型钢以及轻型钢框架为结构的轻型钢结构可适用于低、多层（6层，24m 以下）住宅的建设。多高层装配式钢结构住宅体系最大适用高度应符合《装配式钢结构建筑技术标准》（GB/T 51232—2016）的规定，主要参照值见表 8-1。

表 8-1　多高层装配式钢结构适用的最大高度　　　　　　　　　　单位：m

结构体系	6 度	7 度		8 度		9 度
	0.05 g	0.10 g	0.15 g	0.20 g	0.30 g	0.40 g
钢框架结构	110	110	90	90	70	50
钢框架-偏心支撑结构	220	220	200	180	150	120
钢框架-偏心支撑结构 钢框架-屈曲约束支撑结构 钢框架-延性墙板结构	240	240	220	200	180	160
筒体（框筒、筒中筒、桁架筒、束筒）结构 巨型结构	300	300	280	260	240	180
交错桁架结构	90	60	60	40	40	—

对于钢结构模块建筑，1～3 层模块建筑宜采用全模块结构体系，模块单元可采用集装箱模块，连接节点可选用集装箱角件连接；3～6 层可采用全模块结构体系，单元连接可采用梁

梁连接技术；6～9 层的模块建筑单元间可采用预应力模块连接技术，9 层以上需要采用模块单元与剪力墙或核心筒相结合的结构体系。

钢结构住宅建设要以产业化为目标做好墙板的配套工作，以试点工程为基础做好钢结构住宅的推广工作。

4. 工程案例

包头万郡—大都城住宅小区、汶川县映秀镇渔子溪村重建工程、沧州福康家园公共租赁住房住宅项目、镇江港南路公租房项目、天津静海子牙白领公寓项目等。

第九章 典型项目发展简介

近几年，典型项目体现了装配式建筑新技术的应用，推动了建筑业的转型升级。分别简介如下：

第一节 装配式混凝土建筑项目

一、合肥市大杨镇湖畔新城复建点项目

1. 项目概况

总建筑面积 43.67 万 m^2，地下建筑面积 10 万 m^2，地上建筑面积 33 万 m^2。共 30 个住宅单体建筑。高度 20～33 层。

装配整体式混凝土剪力墙结构。标准层预制率约 50%。

项目采用工程总承包模式，设计施工一体化。

政府保障性住房。

2. 装配式技术应用

1）建筑专业：

单体 1～5 层为先浇混凝土剪力墙结构，6 层以上（含 6 层）采用部品部件（夹心保温外墙板、阳台、空调板、楼梯、叠合楼板、防火隔墙板、内墙轻质条板等）。设计阶段考虑到部品部件生产、运输、施工安装等因素，尽量减少部品部件种类，如楼梯规格统一。

本项目外墙防水材料主要采用发泡芯棒与密封胶。防水构造采用构造防水与材料防水，水平缝采用企口缝，垂直缝采用结构自防水+构造防水+材料防水，门窗采用先装法。

2）结构专业：

项目应用了多连梁（Multple CouPling Beam，MCB）剪力墙板和楼梯间防火隔墙板。MCB剪力墙可以提高结构整体抗震性能。

3. 成本分析

项目采用三明治外墙板（减少落地式脚手架使用、减少局部抹灰和模板），价格为 2 450～2 500 元／m^2。折算建筑每平方米造价增加 120～160 元。

本项目增加成本分析：结构设计有待改进；装配率低，施工成本高；运输与安装效率低，运输与安装比例高；技术体系和管理模式不完善，部品部件生产企业管理费用高。

二、深圳龙悦居三期项目

1. 项目概况

本项目是华南地区第一个装配式混凝土剪力墙结构保障性住房。总建筑面积 21.5 万 m^2。6 栋 26～28 层住宅，35 m^2、50 m^2、70 m^2 三种户型，共 4 002 套。

设计采用模数化、标准化、模块化建筑工业化理念，体现装配式建筑的价值。

2. 装配式技术应用

1）建筑专业：

本项目在模数网格基础上形成 3 种标准化户型单元，再进行简单复制、镜像组合形成标准组合平面。同时也使外墙种类最少化与标准层公共空间配置标准一致。

预制构件按照应用的位置分为外墙、外廊、楼梯，根据每个部位的预制构件按照 3 种户型模块分类，通过协调优化使模具种类数量最少。本项目外墙经过优化设计后使用 3 种模具（以单体户型模块为一个基本单位，按 4.2 m 和 4.4 m 设计外墙标准构件宽度），外廊使用 3 种模具，楼梯使用一种模具。一个标准层构件模具可以用在整栋楼的标准层上。提高了模具使用周转率，又降低了现场施工误差值。

2）结构专业：该项目主体结构采用现浇混凝土。外墙采用预制混凝土构件，不参与主体结构受力。

连接节点设计：项目中对不同部位的预制构件连接节点都进行了标准化设计，有利于构件生产标准化和现场施工连接作业标准化。

防水设计：项目中预制外墙拼接处防水采用构造防水+材料防水。为了避免防水材料年久失效，通过合理设计预制外墙的侧面的企口，凹槽、导水槽等达到构造防水的要求（竖直缝设置空腔构造与现浇混凝土构造排水，水平缝设置排水槽构造与反坎构造防水）。墙体内、外辅以防水胶条（硅酮密封胶）达到材料防水的要求。同时起到防尘、保温及确保外墙面的整体效果。

3. 施工技术

预制墙板顶部采用固定连接，两侧及底部采用自由悬挂式连接技术。

第二节　钢结构建筑项目

一、中建钢构天津厂公寓楼项目

1. 项目概况

项目由 1 号、2 号两栋楼组成。地上 6 层（层高 3 m），建筑总高度 19.25 m，建筑面积

6 000 m²。采用桩基础。1 号楼主体为现浇混凝土结构，内外墙体采用蒸压加气混凝土砌块，现浇混凝土楼板，外保温采用保温装饰 80 mm 石墨聚苯一体板。

2 号楼主体为钢结构，钢柱采用冷弯方钢管，间距以 600 mm 为基本模数，钢梁采用热轧 H 型钢，与钢柱采用栓焊连接。内外墙体采用厚度为 100 mm、150 mm 的 ALC 板材。

钢构件选用薄涂型防火涂料，外包 A 级防火石膏板，外墙选用 ALC 板基墙+保温装饰一体板，楼板选用可拆卸的钢筋桁架楼承板。

项目于 2016 年 6 月开工，2016 年年底竣工。

2. 建筑实施情况

1）建筑专业：该项目参照天津市保障房户型设计，充分考虑对居住空间的利用，动静分区，全明设计，形成通风好、空间紧凑、建筑体形方正。建筑体形系数为 0.27。

2）结构专业：2 号楼主体采用钢框架体系，钢柱分别为 300 mm×300 mm×14 mm、300 mm×300 mm×12 mm、300 mm×300 mm×10 mm 方钢管，钢梁分别为 HM294 mm×200 mm×8 mm×12 mm、H300 mm×150 mm×6 mm×8 mm 的 H 型钢，材质均为 Q345B，地脚锚栓为 L50 mm×3 mm、L30 mm×4 mm。材质为 Q235B。2 号楼用钢量（含钢楼梯）78 kg/m²。

3. 装配式技术应用

1）钢框架结构，钢柱采用冷弯成型方钢管，钢柱以三层半为一节。钢梁采用热轧 H 型钢外，部分采用焊接 H 型钢。钢柱与钢梁的连接节点采用栓焊连接。钢柱与钢梁的接节处采用梁贯通式，现场安装采用翼缘焊接、腹板栓接。

钢构件表面做防火、防腐处理。

2）蒸压砂加气混凝土板（ALC 板）：ALC 板以硅质材料和钙质材料为主要材料，以铝粉为发气材料，配经防腐处理的钢筋网片，经加水搅拌、浇筑成型、预养切割、蒸压养护等工序制成的多气孔板材。板材宽度以 600 mm 为模数，长度、厚度可根据工程项目定制。ALC 板外墙采用钩头螺栓固定，内墙可选用直角钢件或 U 形卡。

3）保温装饰一体板：本项目采用的由喷涂完装饰面后的无机板与保温材料复合一体板，标准板材尺寸为 1 220 mm×2 440 mm，保温层厚度可根据项目调整。

保温装饰一体板采用粘、挂结合的方式连接，粘贴采用"点框法"。

4）可拆卸的钢筋桁架楼承板：本项目楼板厚度为 100 mm，可拆卸的钢筋桁架楼承板桁架高度为 70 mm。可拆卸的钢筋桁架楼承板免施工现场支模，底模拆除可循环使用。

5）全装修：项目采用装修设计一体化施工，施工过程中室内管线全部预埋，无水电管路线路改动，家具尺寸与功能房间的合理布置，与建筑使用功能实现了一体化。

6）信息化技术：采用 Autodesk Revit 等软件创建建筑、结构、给水排水等可视化信息模型，生成 3D 图、大样图，对项目进行材料、工程量、造价计算。

二、北京成寿寺 B5 地块定向安置房项目

1. 项目概况

该项目规划用地面积 6 691.2 m²，总建筑面积 30 379 m²。建筑地下 3 层；地上层数：1 号

楼南北向 9 层；2 号楼东西向 12 层；3 号楼东西向 16 层；4 号楼南北向 9 层。

项目为深基坑支护，支护形式为混凝土灌注桩+预应力锚索且无肥槽；基础防水为 3+4 mmSBS 弹性体改性沥青卷材防水，地下室外墙采用高分子片材单层 HDPE 膜（预铺反粘技术）；基础类型：筏板基础，筏板厚度分别为 900 mm、750 mm、600 mm；地下结构部分：地下室外墙为现浇混凝土结构，钢管混凝土柱，楼板为钢筋桁架楼承板。地上部分：2 号楼、3 号楼为钢管混凝土框架-组合钢板剪力墙结构，1 号楼、4 号楼为钢管混凝土框架结构（阻尼器），外墙为 PC 混凝土和 AAC 砂加气，楼板为混凝土预制叠合楼板（4 号楼）和钢筋桁架楼承板（1 号楼、2 号楼、3 号楼）。

2. 结构专业

项目结构形式为钢管混凝土框架-组合钢板剪力墙结构。标准柱网 6.6 m×6.6 m，采用 400、350 方管柱／箱型柱，内灌 C40 自密实混凝土，H350×150 焊制 H 型钢梁，抗侧力构件采用阻尼器和钢板剪力墙，梁偏心布置，使室内无梁、柱。钢柱、钢梁采用栓焊连接。

3. 水暖电专业

采用 BIM 三维软件将建筑、结构、水暖电、装饰等专业通过信息化技术的应用，集成一体化设计，预先解决各专业施工过程中的协同问题。

4. 信息化技术

施工阶段，通过建谊 ChinaBIMCloud 平台，开展全视角和多重进度匹配的虚拟施工，对施工现场场平布置、运输车辆来往路线、施工机械等进行施工全流程优化，以提高装配式建筑的施工效率。

第三节　木结构建筑项目

一、江苏省绿色建筑博览园展示馆——木营造馆

1. 项目概况

项目占地 2.6 亩，建筑面积 2 161 m²，展厅 2 层，办公用房 3 层。层高 4.2 m，总高度 13.15 m。项目采用总承包模式。

该项目木柱、木框架梁由工厂生产，现场装配。同时采用的太阳能屋面、节能门窗等绿色施工技术。

2. 装配式建筑技术应用

1）标准化设计：北向展厅 6 跨胶合木梁柱剪力墙结构（除山墙外）尺寸基本一致；南向展厅部分木结构梁、柱、桁架构件按模数设计，标准化设计接点。

2）预制构件生产与施工：项目主要承重结构工件（普通柱、平台树形柱、梁等）均为工厂生产的预制。胶合木受力构件在工厂生产加工、二次开槽打孔，工厂预制拼装。

3）信息化技术：项目采用 BIM 技术在精确定位、构件算量统计、碰撞检测、效果图展示等优势，保证了设计质量和施工效率。

二、贵州省黔东南州榕江游泳馆项目

1. 项目概况

项目位于贵州省黔东南苗族侗族自治州榕江县，内设 50 m×50 m 正式比赛池和 25 m×25 m 训练池，总建筑面积 11 455 m²，占地面积 6 180 m²。建筑地下 1 层，地上 2 层，建筑高度为 20.05 m。建筑设计使用年限为 50 年，建筑结构安全等级为一级。建筑地下室及一层采用混凝土框架体系，二层以上采用木结构体系。项目木结构柱、屋架梁工厂生产，现场装配。游泳馆中部花桥和鼓楼采用传统木结构，充分体现了民族特色和地域特点。

泳池上部屋盖采用张弦木拱体系，跨度 50.4 m，为国内跨度第一和面积第一的现代木结构屋盖。木拱为 2 mm×170 mm×1 000 mm 双拼胶合木构件，沿弧长 3 段拼接。木拱采用 6 根木撑杆与主索形成张弦结构，并与纵向索和屋面索形成完整稳定体系。自平衡的张弦木拱支承于滑移支座，消除支座水平推力，有效地降低了造价。采用木结构与玻璃形成的"天河"结构悬挂于主拱。

2. 标准化设计

项目连接节点单一，规格少。根据不同类型构件受力特点，分类设计，形成不同类型的参数化通用节点，如装配式植筋节点、挂式螺栓/销栓节点等。

3. 材料与防腐

木结构部分采用贵州当地杉木，胶合木结构采用强度等级 TC17 级、天然防腐性能达强耐腐的进口优质落叶松木材，同时按照游泳馆使用环境要求选用 PRF 结构胶黏剂制作。胶合木成品表面采用环保型木材防腐液 ACQ 和防护型木蜡油进行二次涂装，最大程度地提高木构件的耐久性能和防潮性能。

第四节　装配化装修项目

一、北京郭公庄一期公共租赁住房项目

1. 项目概况

项目位于北京市丰台区花香地区。总建筑面积 21 万 m²，住宅建筑面积 13 万 m²，建筑层数 21 层，建筑高度 60 m。工程采用总承包模式，装修一体化设计、部品工厂生产、现场装配化装修。

2. 装配化装修技术

项目采用装配化装修八大系统：集成墙面、集成地面、集成吊顶、生态门窗、快装给水、薄法排水、集成厨房、集成卫浴等。工厂生产部品，基本上实现管线与结构分离，干法施工。

建筑与内装无缝对接。

1）管线分离：

①管线与墙体分离，不预埋。管线布置在架空层，接口位置集中，便于检测和维修。快装给水系统，将即插水管通过专用连接件连接，实现快装即插、卡接牢固。

②薄法排水：在架空地面下布置排水管，用 PP 排水管胶圈承插，使用专用撑件在结构地面上按要求排至公区管井。

2）干式工法：

①集成墙面：墙面找平采用架空、专用螺栓调平。分室隔墙采用轻钢龙骨轻质墙。

②集成地面：采用架空地脚支撑定制模块，地脚螺栓调平，架空层内布置水暖电管，用可拆卸的高密度平衡板保护，铺设地板，快速企口拼装完成。

3）特殊功能区：

①集成厨房：采用涂装材料，防水防油污，排烟管道暗设吊顶内。

②集成卫浴：墙面用柔性防潮隔膜材料，将冷凝水引流到整体防水地面，墙板留缝打胶处理，使墙面整体防水，地面安装柔性化生产的整体防水底盘，通过专用快排地漏排出。

4）部品生产、技术应用：

项目部品完全工厂化生产，形成模块化后，在现场安装完成。项目中门窗套、地暖模块柔性化生产，卫生间柔性化制造的不同尺寸整体防水底盘采用可变模具快速定制，整体一次性集成制作，达到密封防水效果。

项目装配化装修体现了我国装配式建筑发展理念。符合"适用、经济、安全、绿色、美观"的要求。

二、北京海淀永丰产业基地公共租赁住房项目

1. 项目概况

项目位于北京市海淀区西北旺镇永丰产业基地，总建筑面积 323 295 m²。项目具有标准化设计、工厂化生产、装配化施工、一体化装修、信息化管理的工业化建筑特点。具有"面积集约、功能齐全、设施完备、空间灵活"，是简约新古典风格产业技术的体现。

主体采用装配式整体混凝土剪力墙结构，主体结构预制率达 48%，采用装配式外墙夹芯保温墙板，挤塑板厚度 80 mm；局部现浇外墙采用保温装饰一体板技术。采用 BIM 技术进行施工管理，可视化交底，施工中严格质量管理，体现绿色施工、节能环保。

2. 装配式建筑技术应用

项目结合公共租赁住房大量、快速的建设特点，对高品质居住环境的需求及建造成本合理性等因素综合考虑，实施标准化设计，完善工业化建设技术建成体系，采用装配式建筑技术。

1）主体内装分离体系：项目将住宅的主体结构、内装部品和管线设备三者分离，有效提升后期施工效率。

2）集成化部品关键技术：项目地面、隔墙、天花分离式架空设计；采用卫生间干区位置局部架空地板集成技术；局部轻钢龙骨吊顶集成技术；局部架空墙体集成技术；轻钢龙骨隔

墙集成技术。

3）模块化部品关键技术：采用整体厨房、整体卫浴、整体受纳。

4）适老化部品集成技术解决方案：项目针对公共租赁住房，进行相应的适老化通用设计，运用适老化集成技术，配置适宜的适老化部品，形成整套系统化、完整化的适老化技术解决方案。

5）设备管线集成技术：采用设备管线集成技术有双层套管与集中接头给水系统集成技术；同层排水与集中接头排水系统集成技术；管道检修维护集成技术；烟气直排集成技术；负压式新风系统集成技术；洗衣机托盘集成技术。

该工程是北京第一个面向公共租赁的绿色居住区，全国绿色建筑三星级标准。项目通过主体工业化与内装工业化为公共租赁住房全面推广装配式建筑进行了有益探索。

资　料　篇

第十章　2015—2018 年装配式建筑大事记

一、2015 年装配式建筑大事记

2 月

住房和城乡建设部批准《预制混凝土剪力墙外墙板》等 9 项标准设计为国家建筑标准设计。

8 月

住房和城乡建设部批准《工业化建筑评价标准》为国家标准，自 2016 年 5 月 1 日起实施。

住房和城乡建设部、工业和信息化部联合发布《促进绿色建材生产和应用行动方案》的通知。方案明确开展"钢结构和木结构建筑推广行动"。

9 月

"第十四届中国国际住宅产业暨建筑工业化与设备博览会"在北京召开。博览会以"明日之家为引领，促进创新转型发展"为主题，突出国际性、科技性、专业性。

12 月

李克强在中央城市工作会议上讲话，提出要大力推动建造方式创新。

住房和城乡建设部发布《关于北京东方城国际钢结构工程有限公司等 27 家钢结构企业开展建筑工程总承包试点的通知》，批准北京东方城国际钢结构工程有限公司等 27 家钢结构企业开展建筑工程总承包试点。

二、2016 年装配式建筑大事记

1 月

"2016 中国钢结构发展高峰论坛"在北京召开，建设领域 21 名院士、专家学者、企业家、60 多位政府主管齐聚一堂，为我国钢结构发展出谋划策。

2 月

国务院发布《关于深入推进新型城镇化建设的若干意见》（国发〔2016〕8 号）指出：要积极推广新型建材、装配式建筑和钢结构建筑。

中共中央、国务院发布《关于进一步加强城市规划建设管理工作的若干意见》（中发〔2016〕6 号）提出：发展新型建造方式，大力推广装配式建筑，加大政策支持力度，力争用 10 年左右时间，使装配式建筑占新建建筑的比例达到 30%。

3月

李克强在《政府工作报告》中强调：大力发展钢结构和装配式建筑，加快标准化建设，提高建筑技术水平和工程质量。

十二届全国人大四次会议审查通过《中华人民共和国国民经济和社会发展第十三个五年规划纲要》。纲要明确：发展实用、经济、绿色、美观建筑，提高建筑技术水平、安全标准和工程质量，推广装配式建筑和钢结构建筑。

6月

第八届中国房地产科学发展论坛暨第三届中美房地产高峰论坛在江苏省常州市举行。论坛的热点：装配式住宅作为中国房地产业转型升级的重要方向。

7月

住房和城乡建设部印发《2016年科学技术项目计划——装配式建筑科学示范项目》，批准列入计划的装配式建筑科技示范项目共119项（装配式混凝土结构41项、钢结构41项、木结构4项、部品部件生产类54项、装配式建筑设备类1项）。

8月

住房和城乡建设部发布关于批准《钢筋混凝土基础梁》等29项国家建筑标准设计的通知（自2016年9月1日起实施）。

9月

国务院办公厅发布《关于大力发展装配式建筑的指导意见》（国办发〔2016〕71号）。再次明确了30%的发展目标和装配式建筑推进区域层次，规定了健全标准体系、创新装配式建筑设计、优化部品部件生产、提升装配式施工水平、推进建筑全装修、推广绿色建材、推行工程总承包和确保质量安全的八大任务，确定了大力推进人才队伍的建设。

11月

住房和城乡建设部办公厅发布《关于征求装配式混凝土结构建筑等3项装配式建筑技术规范（征求意见稿）意见的函》（建办标函〔2016〕991号）。

住房和城乡建设部在上海市召开全国装配式建筑工作现场会。

12月

住房和城乡建设部批准《建筑信息模型应用统一标准》（GB/T 51212—2016）为国家标准，自2017年7月1日起实施。

住房和城乡建设部发布《装配式建筑工程消耗量定额》，自2017年3月1日起实施。

三、2017年装配式建筑大事记

1月

住房和城乡建设部发布第1417、第1418、第1419号公告，分别发布国家标准《装配式混凝土建筑技术标准》（GB/T 51231—2016）、《装配式钢结构建筑技术标准》（GB/T 51232—2016）、《装配式木结构建筑技术标准》（GB/T 51233—2016）。自2017年6月1日起实施。3部装配式建筑国家技术标准有效发挥技术引领和规范作用，推动我国装配式建筑健康、稳步、持续发展。

2 月

国务院办公厅发布《关于促进建筑业持续健康发展的意见》（国办发〔2017〕19 号）。提出建筑业是国民经济的支柱产业，打造"中国建造品牌"。明确加快推行工程总承包，推进建筑产业现代化。推广智能和装配式建筑，坚持标准化设计、工厂化生产、装配化施工、一体化装修、信息化管理、智能化应用，推动建造方式创新，大力发展装配式混凝土和钢结构建筑，在具备条件的地方倡导发展现代木结构建筑，不断提高装配式建筑在新建建筑中的比例。力争用 10 年左右的时间，使装配式建筑占新建建筑面积的比例达到 30%。

3 月

住房和城乡建设部印发《建筑节能与绿色建筑发展"十三五"规划》（建科〔2017〕53 号），在全面推动绿色建筑发展部分提出，大力发展装配式建筑，加快建设装配式建筑生产基地，培育设计、生产、施工一体化龙头企业；完善装配式建筑相关政策、标准及技术体系。积极发展钢结构、现代木结构等建筑结构体系。

住房和城乡建设部印发《"十三五"装配式建筑行动方案》（建科〔2017〕77 号），确定到 2020 年，全国装配式建筑占新建建筑的比例达到 15% 以上，其中重点推进地区达到 20% 以上，积极推进地区达到 15% 以上，鼓励推进地区达到 10% 以上。同时发布的还有《装配式建筑示范城市管理办法》和《装配式建筑产业基地管理办法》，办法分别规定了装配式建筑示范城市和产业基地的申报程序、申报条件和管理、监管等方面的要求。

8 月

住房和城乡建设部发布《住房城乡建设科技创新"十三五"专项规划》。提出：构建装配式建筑技术体系。发展装配式建筑结构、外围护、设备与管线、内装集成设计理论和技术方法，推动装配式建筑结构安全及可靠性设计及评价技术进步，研发装配式建筑标准化部品部件生产装备，初步建立装配式混凝土、钢结构和木结构建筑的工业化技术体系，形成集成开发应用模式。研究装配式建筑产品质量认证技术体系，研发装配式建筑设计、生产、施工、运维全链条建筑信息平台。

9 月

中共中央、国务院《关于开展质量提升行动的指导意见》提出：因地制宜提高建筑节能标准，完善绿色建材标准、促进绿色建材生产和应用，大力发展装配式建筑、提高建筑装修部品部件的质量和安全性能，推进绿色生态小区建设。

住房和城乡建设部印发《2017 年国家建筑标准设计编制工作计划》。计划建议项目：《装配式混凝土结构施工图平面表示方法制图规则和构造详图》要求在 2020 年 6 月完成。

10 月

住房和城乡建设部印发《建筑业 10 项新技术（2017 版）》，突出了装配式建筑、抗震、节能、信息化等热点领域和前沿技术，新增"装配式混凝土结构技术"章节。

11 月

在各省级住房和城乡建设主管部门评审推荐的基础上，住房和城乡建设部组织专家进行复核，对复核通过的城市和企业给予确认，首批公布了30个装配式建筑示范城市和195个装配式建筑产业基地。发挥装配式建筑示范城市、装配式建筑产业基地的引领作用。

住房和城乡建设部办公厅发布关于征求《关于培育新时期建筑产业工人队伍的指导意见（征求意见稿）》（建办市函〔2017〕763号）意见的函。明确了发展目标：深化建筑用工制度改革，建立建筑工人职业化发展道路，推动建筑业农民工向建筑工人转变，健全建筑工人技能培训、技能鉴定体系，到2025年，建筑工人技能素质大幅提升，中级工以上建筑工人达到1 000万，建立保护建筑工人合法权益的长效机制，打通技能人才职业发展通道，弘扬劳模精神和工匠精神，建设一支知识型、技能型、创新型的建筑业产业工人大军。

12月

住房和城乡建设部发布国家标准《装配式建筑评价标准》（GB/T 51129—2017），自2018年2月1日起实施。原国家标准《工业化建筑评价标准》（GB/T 51129—2015）同时废止。

四、2018年装配式建筑大事记

1月

住房和城乡建设部关于发布国家标准《装配式建筑评价标准》（GB/T 51129—2017）的公告。

2月

住房和城乡建设部关于发布行业标准《装配式环筋扣合锚接混凝土剪力墙结构技术标准》（JGJ/T 430—2018）的公告。

3月

住房和城乡建设部关于发布行业产品标准《厨卫装配式墙板技术要求》（JG/T 533—2018）的公告。

4月

住房和城乡建设部标准定额司关于征求行业标准《装配式住宅建筑检测技术标准（征求意见稿）》意见的函。

7月

住房和城乡建设部办公厅关于行业标准《预制预应力混凝土装配整体式结构技术标准》公开征求意见的通知。

8月

住房和城乡建设部关于发布行业产品标准《工厂预制混凝土构件质量管理标准》（JG/T 565—2018）的公告。

10月

住房和城乡建设部办公厅关于国家标准《预制装配化混凝土建筑部品通用技术条件（征求意见稿）》公开征求意见的通知。

11月

住房和城乡建设部建筑节能与科技司《关于开展第一批装配式建筑示范城市和产业基地

实施情况评估的通知》。

12 月

住房和城乡建设部办公厅关于行业标准《装配式结构用多功能墙板（征求意见稿）》公开征求意见的通知。

住房和城乡建设部关于发布行业标准《装配式整体厨房应用技术标准》的公告。

第十一章 装配式混凝土建筑工程案例简介及专家点评

以下 12 个具有代表性的装配式混凝土建筑工程项目覆盖了南北方不同气候区域、不同地震烈度设防地区、不同建筑类型和结构体系。重点从装配式建筑技术应用、部品部件生产和安装技术、效益等方面作介绍。专家点评：提出可资借鉴的经验和适用范围，指出需要进一步完善的主要问题，为各地选用不同类型的技术体系，加快推进装配式建筑发展提供参考和借鉴。

一、合肥蜀山产业园公租房项目

项目简介：该项目规划用地位于合肥市蜀山产业园，用地四周为北自卫星路，南至雪霁北路；东自雪霁路，西至振兴路。规划总用地 152 517 m²（其中规划净用地 118 543 m²，代征道路用地 25 462 m²，城市道路绿化带用地 8 512 m²）。按要求规划为产业化公租房居住小区，建设时间为 2014—2016 年，总建筑面积 34 万 m²，为国内装配式建筑最大体量的单项工程。项目为装配整体式剪力墙结构，按照 7 度抗震设防烈度要求进行设计，整体预制装配率达到 63%，在国内居于领先水平。

专家点评：中建国际将国际工程总承包的管理模式、管理经验与国内建筑行业实际情况相结合，在装配式建筑领域采取的 EPC 的运营模式，打造建筑产业现代化全产业链，实现了装配式建筑项目的社会效益、经济效益双丰收，必将推动建筑产业现代化的发展，促进传统建筑企业的转型升级，带来建筑行业管理模式的深刻变革。此建筑体系适合在经济较发达、人口密集的区域。

[EPC 模式：EPC 是英文 Engineering（工程设计）Procurement（设备采购）Construction（主持建设）的缩写。设计采购施工（EPC）/交钥匙工程总承包，即工程总承包企业按照合同约定，承担工程项目的设计、采购、施工、试运行服务等工作，并对承包工程的质量、安全、工期、造价全面负责。]

二、深圳裕璟幸福家园项目

项目简介：该项目建设用地面积 11 164 m²，总建筑面积 64 050 m²（其中地上 50 050 m²），共 3 栋塔楼（1 号楼、2 号楼、3 号楼），层数 31～33 层，层高 2.9 m，总建筑高度 98 m，设防烈度 7 度（0.1 g），采用装配整体式剪力墙结构体系，标准层预制率达 50%，装配率达 70%。

专家点评：本项目采用 EPC 模式与信息化技术结合的方式，围绕"标准化设计、工厂化生产、装配化施工、一体化装修和信息化管理"的要求，在标准化设计理念和方法、装配式施工工艺和工法、一体化装修产品和集成方面均有一定的创新，值得推广应用。

三、天津市双青新家园限价房 20 地块（荣悦园）工程项目

项目简介：本工程共 18 栋住宅楼，建筑层数 18～27 层，其中 8 号楼为装配整体式建筑，预制率 52.4%；9 号楼为全现浇钢混结构；1～7 号楼水平构件采用装配式（含楼梯），预制装配率 31%；10～18 号楼水平构件采用装配式（不包含楼梯），预制装配率 27%。本项目 2016 年 11 月完成主体结构施工安装工作。在此施工期间接待了行业内众多同行和专家进行考察交流。以 8 号楼为例，采用装配整体式建造，是当时天津市预制装配率最高的高层住宅楼，建筑层数 18 层，建筑高度 53.66 m，建筑面积 5 033 m^2。预制构件包括：剪力墙外墙板（外叶板+保温层+内叶板），预制混凝土剪力墙内墙板、叠合梁、叠合楼板、预制楼梯、预制空调板，预制率为 52.4%。

专家点评：8 号楼采用预制三明治外墙板、预制内墙板，外墙主体与保温层一体化完工，实现了建筑外围护体系防水、防火、保温、安全一体化。内墙部品与填充墙一次成型，兼容填充墙功能，克服了传统工程中不同材料砌体开裂问题，减少现场二次砌筑、抹灰。但是，本项目中，预制剪力墙底部接缝的用于封堵和分仓的坐浆面积偏大，对墙体接缝的受力性能有一定影响，后续项目中需要进一步改进。

四、哈尔滨市新新怡园项目

项目简介：新新怡园 4 号楼、5 号楼项目位于黑龙江省哈尔滨市松北区的哈黑公路与怡园路交会处，建筑面积 30 295 m^2；项目 2010 年 9 月开工，2011 年 12 月竣工，扣除冬休期，建设周期为 1 年。预制率为 73%，装配率为 80%，结构形式为约束浆锚搭接装配整体式剪力墙结构。项目地下一层，地上 28 层，其中裙房部分为 3 层框架结构，主体部分结构为剪力墙。地下室部分采用了预制的防水外墙、叠合梁、叠合板等预制部品；裙房部分采用了预制叠合梁、叠合板等预制部品；主体 28 层采用了预制剪力墙、叠合梁、叠合板、预制楼梯等预制部品。

专家点评：该项目的建筑设计，是充分综合考虑了厂房内工具移动平台的尺寸、运输车辆的挂箱尺寸、构件重量与起重机的起重量等的匹配度等因素后，再确定构件的尺寸，使之适应上述 3 个条件；然后按项目的不同单元（户型）构件的尺寸进行构件尺寸的统一性调整，从而实现标准化。同时也减少了每个房间的双向叠合板的接缝数量，减少了用工，提高了工效。

五、江苏省海门市中南世纪城项目

项目简介：江苏省海门市中南世纪城 42 号楼、44 号楼为装配式建筑示范项目，该项目位于海门市浦江北路与丝绸东路交会处，地上 16 层，地下 1 层，建筑面积 11 750 m^2。2011 年 4 月开工建设，2011 年 6 月完成地下室施工。2012 年 10 月竣工交付。42 号楼、44 号楼采用

装配整体式剪力墙结构体系，竖向结构采用的主要预制构件有预制剪力墙、预制填充墙，水平结构采用的主要预制构件为预制叠合梁板、预制整体阳台、预制楼梯、预制空调板等。正负零以上总体预制率为82.1%。

专家点评：本项目主要技术特点是金属波纹管浆锚搭接连接技术；预制夹心隔墙板免抹灰技术；BIM信息化技术；EPC工程总承包模式。

六、上海浦东新区惠南新市镇惠南万华城23号楼项目

项目简介：上海浦东新区惠南新市镇17-11-05和17-11-08地块项目23号楼是装配式建筑示范项目，建筑面积9 755 m²，地上13层，地下1层。于2014年5月完成主要方案设计、施工图设计和管理部门评审，并随即开展预制构件生产和施工准备工作，于2014年9月开始结构吊装，2015年1月完成主体结构施工安装，2015年6月竣工并完成样板房装修。在此期间接待了行业内众多同行和专家的考察交流。23号楼采用了叠合式混凝土剪力墙结构体系，梁、阳台和楼梯等均采用预制，预制率为48.2%。

专家点评：该项技术中的叠合构件均采用自动化机械化流水线生产，生产效率高。该项技术中预制构件作为部分后浇混凝土的模板，而预制构件中的钢筋可视为成型钢筋，充分利用了装配式混凝土和现浇混凝土的优势，具有尺寸精准度高、质量稳定性高、施工快捷、节能环保、防水性好、结构体系整体性好以及施工效率高等技术优点。

七、郴州金田佳苑项目

项目简介：郴州金田佳苑高层住宅，是远大住工承接的EPC项目，采用现浇剪力墙搭配预制水平构件的结构体系。外围剪力墙墙身预制，边缘构件全部现浇。内部剪力墙全部采用现浇。以预制外墙板伸出翼缘（外叶墙板和保温层）作为外围剪力墙边缘构件现浇外模板。预制剪力墙的钢筋采用灌浆套筒连接，施工方便快捷。采用叠合梁、叠合楼板、预制楼梯等其他预制构件，加快了施工速度，改善了建筑质量。本项目还采用整体卫浴、整体厨房、全装修以及分布式管线预理系统，实现了节水、节能、节材、节地、节时，环保。项目建设周期为510天，装配率为62.25%。

专家点评：承重构件（剪力墙、框架柱）现浇+水平构件（楼板、框架梁）叠合的技术体系原则上适用于任何地域，其最大适用高度根据建筑的结构类型、所处区域抗震设防烈度级、建筑抗震设防分类等因素，满足现行《抗震设计规范（2016年版）》（GB 50011—2010）、《高层建筑混凝土结构技术规程》（JGJ 3—2010）和相关的地方规程规范的要求，对于高度超过50 m的框剪结构、筒体结构和复杂高层结构，应注意采取可靠措施（加厚叠合楼盖现浇层厚度，加大现浇层的配筋等）增强叠合楼板的整体刚度。

八、北京市昌平区北七家镇B1号楼安置房项目

项目简介：项目地块位于北京市昌平区北七家镇，距市中心约22 km。总建设用地面积11万m²，地上建筑面积28.8万m²。B地块规划总用地面积：40 100 m²，地上总建筑面积：

100 250 m²，主要用途是回迁安置房。其中 B1 号楼为地上 10 层，地下 1 层。地上建筑面积：7 522.90 m²，地下建筑面积：737.48 m²。标准层平面由 4 个单元组成，其中 2 单元、3 单元、4 单元连为一体，1 单元与其他单元设缝脱开。该楼地上部分采用装配式预制圆孔板剪力墙结构体系进行设计及施工。B1 号楼的预制率大于 40%，装配率大于 80%。

专家点评：对于 EVE 墙板结构体系的研发，集技术体系、生产工艺和设备、施工安装工艺与装备、质量保障与验收等为一体的研发路线，具有很好的示范意义。EVE 墙板结构体系具有建筑标准化的特征，成组立模的预制混凝土构件生产工艺也可以根据不同的建筑类型、地域、使用要求等进行调整。

（注：EVE 装配式混凝土剪力墙结构体系是采用工业化生产的 EVE 预制圆孔墙板、叠合楼板及其他混凝土构件经现场装配式安装施工所构成的装配式混凝土剪力墙结构体系。由工厂生产的预制混凝土圆孔板构成建筑内外承重墙体，相邻圆孔板结合处及板体圆孔内分别配置有钢筋笼及钢筋网片，墙体转角、纵横墙交接处及边缘构件部位均设置有现浇钢筋混凝土柱、预制圆孔墙板连接处及所有圆孔均采用混凝土浇筑。）

九、南京汽车集团有限公司浦口生产基地 2 号涂装车间项目

项目简介：2 号涂装车间为多层工业厂房，建筑物跨度 47 m，基坑深度 5.05 m，总占地面积 16 433 m²，总建筑面积 42 094 m²，建筑层数为 3 层、局部 1 层，建筑高度 23.85 m。结构形式采用预制预应力钢筋混凝土结构，该结构体系由预应力叠合框架梁、预应力叠合次梁、预应力叠合楼板以及定型模板的现浇柱组成，其中梁装配率为 100%，楼板装配率约为 70%。

专家点评：该项目根据预制梁构件长度长、截面大、自重大、不便于运输等特点，利用项目的周边堆场作为张拉台座，在工地附近制造预制梁构件，节省大量运输费用，降低工程综合造价。PK 预应力叠合板利用可在工厂长线台上流水作业生产，完全实现了工厂化批量生产，生产效益高、速度快、质量可靠。该项目预制构件生产根据构件特点分别采用两种方式制造是值得借鉴和推广的。

十、海门市龙馨家园老年公寓项目

项目简介：本工程主体结构体系是预制装配整体式框架-剪力墙结构。为一类居住建筑，设计使用年限为 50 年，抗震设防烈度为 6 度。总建筑面积为 21 265.1 m²，其中地上 25 层、面积 18 605.6 m²，地下 2 层、面积 2 659.5 m²，建筑高度 85.2 m，预制率为 52%，总体装配率达到 80%，全装修，项目取得了绿色二星证书，建造时间为 2014 年，建设周期为 12 个月。

专家点评：该工程是装配整体式混凝土框架-剪力墙结构，是从构件生产到施工安装、全装修一体化的施工总包工程项目。通过预制装配式建筑技术、SI 建造技术、绿色施工技术与信息化技术集成应用，掌握了装配式混凝土结构从构件生产到施工安装的工艺和工法，并培养了一支具有专业技能的施工与技术管理团队。

（注：SI 建造技术是指住宅的承重结构骨架具有高耐久性，而且是固定不变的。但住宅所

用的分隔构件，则可以根据住户的不同要求而灵活变换。即在一定的空间范围内，依使用者的需要或爱好，可以分隔成多种多样的内部空间。S 是不可变的，是由专业建筑设计人员经过精确的计算设计而完成的；I 是可变的，它是由使用者自己来设计和决定的。SI 住宅的这一特性，既保证了住宅建筑的安全可靠性、整体形象风格上的一致性等公共利益；同时也给使用者提供了一个充分表现自我创造力的平台，让使用者获得一种"住在了自己设计的空间里"的满足感。）

十一、浦江基地经济适用房项目

项目简介：该项目是上海市首个采用装配式混凝土结构技术的保障房项目，项目总建筑面积 5.15 万 m²，建筑单体层高分别为 14～18 层，其中 25 号楼到 28 号楼为 18 层、29 号楼为 14 层，均采用装配整体式框架+现浇剪力墙结构体系，预制率为 50%～70%。本项目以预制率为 70% 的 29 号楼为例，采用的预制混凝土构件包括预制框架柱、框架梁和叠合梁、叠合楼板、叠合阳台板、预制混凝土外墙板和楼梯等。项目的主要技术要点包括：预制框架柱竖向钢筋连接采用套筒灌浆连接技术；预制框架柱与预制叠合框架梁采用节点区域后浇混凝土进行连接，框架梁端设置键槽；预制外挂墙板与主体结构采用柔性节点连接，上下采用铰接，自重由上部连接悬挂承重，外墙板底在墙平面内可水平滑动；预制混凝土外挂墙板，采用窗框预埋技术，预制外墙板接缝采用两道材料防水结合一道构造防水；施工采用外围免脚手架；预制叠合梁、叠合楼板施工支撑采用机械化支撑架；预制构件生产、安装等采用了 RFID 芯片技术进行建设全过程管理（即 PC 构件的信息化管理，采用有源 RFID 电子芯片对构件进行全过程的定位追踪，通过电子芯片与互联网及云存储平台相关联，实现对全过程的生产、安装数据及图像进行采集及汇总，并通过云端控制平台对所有数据、图像进行管理和指导后续施工）。

专家点评：该项目特色是 EPC 项目总承包模式运用；创新的框架-剪力墙装配住宅体系；全面的装配式建筑制作、安装及施工管理体系；勇于探索 BIM 技术在装配式建筑全过程中的应用，并取得良好效果。

十二、深圳万科云城项目

项目简介：该项目一期产业用房建筑面积约 33.4 万 m²，建筑高度为 97.8 m。采用清水混凝土预制外墙、预制楼梯、预制内墙板，铝模板施工，内外墙取消砌体和抹灰，预制率约 17%，装配率约 60%。采用"内浇外挂"装配式建筑体系，外墙板全部预制，竖向结构和楼板采用铝模板现浇方式，内墙采用预制内墙板，内外墙均取消抹灰，机电、装修也均采用工厂生产、现场安装的方式，在深圳开创了办公建筑采用装配式建筑方式的历史。同时，外墙在国内首次采用清水混凝土预制外墙，外墙无涂料等外装饰，只在清水混凝土表面做保护漆。

专家点评：项目优良的体系设计，恰当的技术组合和对装配式建筑各环节及细节技术把握及处理，体现了万科及其团队的功力，也为我国装配式建筑健康发展提供了一个好的样本。

第十二章 装配式混凝土结构专项施工 技术方案（点评）

一、项目概况

××新城属于政府公租房项目，位于×××，南邻××路，西邻××街。总用地面积为 99 621 m²，总建筑面积约 25 万 m²，共有 33 栋建筑物，含一座约 25 000 m² 地下室，采用装配整体式结构施工，共 4 174 户。

项目为装配整体式剪力墙结构，商业网点为框架结构，设计使用年限为 50 年，抗震设防烈度为 7 度。本工程标高 7.4 m（3 层）以下全部采用现浇结构，标高 7.4～55.91 m（3～18 层及女儿墙）采用装配整体式剪力墙结构，局部出屋面楼梯间及装饰架为全部现浇结构。

二、项目施工规划

点评：（"规划"用词欠妥，拟改"方案"）装配式混凝土结构施工应制定专项方案。专项施工方案宜包括工程概况、编制依据、进度计划、施工场地布置、部品和部件运输与存放、安装与连接施工、绿色施工、安全管理、质量管理、信息化管理、应急预案等内容。

装配式混凝土结构施工方案应全面系统，且应结合装配式建筑特点和一体化建造的具体要求，本着资源节省、人工减少、质量提高、工期缩短的原则制定装配方案。进度计划应结合协同构件生产计划和运输计划等；预制构件运输方案包括车辆型号及数量、运输路线、发货安排、现场装卸方法等；施工场地布置包括场内循环通道、吊装设备布设、构件码放场地等；安装与连接施工包括测量方法、吊装顺序和方法、构件安装方法、节点施工方法、防水施工方法、后浇混凝土施工方法、全过程的成品保护及修补措施等；安全管理包括吊装安全措施、专项施工安全措施等；质量管理包括构件安装的专项施工质量管理，渗漏、裂缝等质量缺陷防治措施；预制构件安装应结合构件连接装配方法和特点，合理制定施工工序。

（一）道路及大门

根据项目施工平面布置要求，同时考虑施工现场周边路网情况，施工现场布置 3 个大门，其中场地东面布置两个大门，南侧布置一个大门，结合进场原材料和预制构件的运输车辆条件限制，需要合理设计道路的转弯半径和坡度，同时，大门的高度和宽度布置应满足车辆运输需要，尽可能考虑与原材料加工场地、堆场的有效衔接。

（二）塔吊、泵车及垂直运输

根据施工总平面布置要求，考虑塔吊的覆盖范围，预制构件的重量、预制构件的运输及堆放和建筑物的高度，同时还应考虑塔吊的附着杆件及使用后的拆卸和运输。塔吊选用 QTZ 型 315tm（S315K16），臂长组成 45 m 和 50 m，最大起重量 16 t，45 m 处起重量为 7.5 t，独立高度分别为 69.8 m、75.8 m、78.8 m、63.8 m，加强节为双塔身结构，均为 5 节 6 m。装配式施工中，塔吊附着杆通常通过窗口设置在结构内墙上。

混凝土泵的布置，主要考虑泵管的输送距离、混凝土罐车行走方便，保证立管相对固定，泵车可以现场流动使用。其中，混凝土泵管架设处管路连接牢固、稳定。管卡在水平方向距离支撑物≥100 mm，距离地面≥100 mm，接头密封严密（垫圈不能少）。有泵管穿过的楼板处预留 Φ200 mm 洞口，在预制叠合板时就要预留。水平泵管与垂直泵管相交处下部加顶撑。地上结构施工时，混凝土泵管架设在楼层楼板上，每层用架体固定，最上端与布料机连接。

施工现场没有设置垂直运输机，物料的垂直运输都是通过塔吊完成的。

（三）堆场

对装配式预制构件的堆场进行地面硬化、平整、坚实，并增设了排水措施，根据该项目产品的结构形式、规格尺寸不同分别存放预制构件，预制构件堆垛间，预留 700 mm 宽度的人行通道，方便相关人员检查。

1. 预制外墙板、预制内墙板的存放

（1）预制外墙板、内墙板在堆场存放时，应采用专用立式存放架，存放架应立放在硬化、平整后的堆场指定位置，存放架与地面连接应牢固、可靠。

（2）预制外墙板、内墙板应采用立式存放架存放，构件下部应采用木方或其他柔性材料垫在地面与构件结构层之间，保证接触点垫实，且构件与地面倾斜角度不小于80°；构件上部应采用木楔子与立式存放架横档进行限位，避免构件划伤，同时应注意木方与木楔子的回收。

（3）对于有门口的预制内墙板或者异形洞口处，应增设钢梁，避免预制构件扭曲变形，同时应注意钢梁及钢梁用螺栓的回收。

（4）预制外墙板不应平放在堆场，内墙板平放时，高度不应超过 1.5 m。

（5）预制外墙板、内墙板存放顺序应考虑施工现场构件吊装顺序的要求。

（6）预制外墙板带有饰面造型或其他要求的，应采取塑料贴膜或其他措施避免影响构件外观质量。

（7）钢筋套筒和预埋螺栓孔应采取封堵措施。

点评：堆场的内容符合相关技术标准要求。存放库区宜实行分区管理和信息化台账管理。

2. 预制叠合板、阳台板、楼梯板、空调板、PCF 板的存放

（1）预制叠合板、阳台板、楼梯板、空调板、PCF 板应平躺叠放在硬化、平整后的堆场指定位置。

（2）预制叠合板、阳台板、楼梯板、空调板、PCF 板的存放支撑点位置应根据构件结构形式，外观尺寸等计算确定，支撑点应采用木方或其他柔性材料垫实，最下面一层支垫应通常设置。叠放层高度一般不超过 6 层。

（3）存放时应避免对叠合板、阳台板线盒、PCF 板连接件造成损伤。

三、施工质量控制要点

（一）装配式混凝土结构专项施工技术方案

装配式混凝土结构专项施工技术方案，主要包括预制构件存放、运输、吊装、预制构件试安装、转换层插筋预留、钢垫片及斜支撑预埋件预埋、预制构件安装方案、预制构件节点施工质量管理及安全措施等内容。

点评：装配式混凝土施工应根据建筑、结构、机电、内装一体化，设计、加工、装配一体化的原则，制定施工方案。

（二）施工准备

1. 装配式预制构件进场

装配式预制构件进场存放前，施工单位组织质检员以及驻场监理对进场预制构件进行质量验收工作，重点检查预制构件外观质量、产品合格证和相关试验报告是否齐全，目的是要明确产品质量责任，避免预制构件二次运输，检查合格后的预制构件方可存入堆放场地或直接进行吊装。

点评：作为施工单位不要照抄技术标准的相关条文。

2. 装配式预制构件试安装

在装配式混凝土结构施工前，组织建设单位、施工单位、监理单位、构件生产单位选择具有代表性的单元户型进行了预制构件试安装，重点复核预制构件安装过程中的拼装位置、预制构件拼装节点结构构造形式、电气点位位置等重点施工质量控制要点。

点评：作为施工单位（项目部），应该怎样？能组织建设、施工、监理、构件生产单位等。要有针对性，不要照搬技术标准的相关条文。

3. 转换层插筋预留

项目的底部加强区楼层为全现浇施工形式，底部加强区的现浇部位与非加强区的转换楼层部位施工时，外墙板、内墙板安装部位所在底部加强区转换层相应位置应预留钢筋套筒插筋，转换楼层插筋的安装定位是转换层施工的关键施工技术。一般做法是在现浇墙体插筋部位附加定位钢筋，以便在浇筑混凝土时保证定位钢筋与插筋绑扎牢固、定位精准。

点评："一般做法"欠妥，宜明确做法。

4. 钢垫片及斜支撑预埋件预埋

采用预留钢垫片的方法是保证预制外墙板、预制内墙板 20 mm 拼装缝的高度。钢垫片应在浇筑叠合楼板、叠合梁前安装到指定位置，一般设置在窗口两侧暗柱部位，窗下墙部位不应设置钢垫片，钢垫片应在叠合层部位附加定位钢筋进行固定，施工时要保证钢垫片的高度，以便预制外墙板、预制内墙板安装时定位精准。

斜支撑预埋件主要用于预制外墙板、预制内墙板和预制女儿墙与楼板支撑用的内螺纹预埋件，在绑扎现浇楼板钢筋时与楼板钢筋进行固定，浇筑叠合楼板混凝土后用于支撑预制外墙板、预制内墙板和预制女儿墙。墙板支撑系统中楼板预留的内螺纹预埋件尺寸因楼板厚度不同进行具体设计。

（三）预制构件安装质量控制要点

1. 预制墙板安装

预制外墙板、预制内墙板和预制女儿墙吊装一般工艺为熟悉设计图纸核对编号→吊装前准备→弹线→吊装→就位前调整方向→安装就位→调节位置。

（1）预制外墙板、预制内墙板和预制女儿墙应采用专用吊运钢梁，用卸扣将钢丝绳与预制构件上端的预埋吊环相连接，并确认连接紧固后，在预制构件的下端放置两块 1 000 mm×1 000 mm×100 mm 的海绵胶垫，防止预制构件起吊离地时预制构件的边角被撞坏。

（2）预制外墙板、预制内墙板和预制女儿墙吊装前应在安装位置进行放线并标记。

（3）用塔吊缓缓将预制外墙板、预制内墙板和预制女儿墙吊起，当预制外墙板、预制内墙板和预制女儿墙底边升至距地面 50 cm 时略作停顿，再次检查吊挂是否牢固，板面有无污染破损，确认无误后，继续提升使之慢慢靠近安装作业面。

（4）在距作业层上方 60 cm 左右略作停顿，施工人员可以手扶墙板，控制墙板下落方向。

（5）预制外墙板、预制内墙板和预制女儿墙在此缓慢下降，当预制外墙板，预制内墙板和预制女儿墙下降到距预埋钢筋顶部 2 cm 处，墙两侧挂线坠对准地面上的控制线，预制墙板底部套筒位置与地面预埋钢筋位置对准后，将墙板缓缓下降，使之平稳就位。

（6）调节就位

1）安装时由专人负责预制构件下口定位、对线，并用 2 m 靠尺找直。安装第一层预制外墙板、预制内墙板时，应特别注意安装精度，使之成为以上各层的基准。

2）预制外墙板、预制内墙板和预制女儿墙应采用可调节斜支撑螺杆将预制构件进行固定。先将支撑托板安装在预制墙板上，吊装完成后将斜支撑螺杆拉接在墙板和楼面的预埋铁件上，长螺杆长 2 441 mm，可调节长度为±300 mm。短螺杆长 936 mm，可调节长度为±300 mm。同时，通过可调节螺杆调节预制构件的垂直方向、水平方向、标高均达到规范规定及设计要求。

3）预制外墙板、预制内墙板、预制女儿墙的临时调节杆、限位器应在与之相连接的现浇混凝土达到设计强度要求后方可拆除。

2. 预制楼梯安装

预制楼梯板吊装施工工艺为，熟悉设计图纸核对编号→楼梯上下口铺 20 mm 砂浆找平层→画出控制线→复核→楼梯板起吊→楼梯板就位→校正→焊接→灌浆→隐检→验收。

（1）在楼梯洞口外的板面放样楼梯上、下梯段控制线，在楼梯平台上画出安装位置（左右、前后）控制线，同时在墙面上画出标高控制线。

（2）在楼梯段上、下梯梁处铺厚 2 cm 的 M10 水泥砂浆找平层，找平层标高要控制准确。M10 水泥砂浆采用成品干拌砂浆。

（3）弹出楼梯安装控制线，对控制线及标高进行复核，控制安装标高。楼梯侧面距结构墙体预留 20 mm 空隙，为保温砂浆抹灰层预留空间。

（4）楼梯起吊前，应检查吊耳，并用卡环销紧。预制楼梯梯段应采用专用吊具水平吊装，吊装时通过调节倒链使踏步平面呈水平状态，便于楼梯安装就位。楼梯起吊前，应检查吊耳，并用卡环销紧。

（5）就位时楼梯应保证踏步平面呈水平状态从上面吊入安装部位，在作业层上空 30 cm 左右处略作停顿，施工人员手扶楼梯板调整方向，将楼梯板的边线与梯梁上的安放位置线对准，放下时要停稳慢放，严禁快速猛放，以避免冲击力过大造成板面震折裂缝。

（6）基本就位后再用撬棍微调楼梯板，直到位置正确，搁置平实。安装楼梯板时，应特别注意标高正确，校正后再脱钩。

（7）楼梯段校正完毕后，将梯段上口预埋件与平台预埋件用连接角钢进行焊接，焊接完毕后接缝部位采用 C35 灌浆料进行灌浆。

点评：预制楼梯安装前，应检查楼梯构件平面定位及标高，并宜设置调平装置；就位后，应及时调整并固定。

3. 预制叠合板安装

预制叠合板吊装的施工工艺为熟悉设计图纸核对编号→弹放位置线→预制叠合板位置修整→吊装预制叠合板→设置预制叠合板支撑→调整预制叠合板位置。

（1）在剪力墙面上弹出 1 m 水平线、墙顶弹出预制叠合板和预制空调板安放位置线，并做出明显标志，以控制预制叠合板安装标高和平面位置。

（2）对支撑预制叠合板的剪力墙或梁顶面标高进行认真检查，必要时进行修整，剪力墙顶面超高部分必须凿去，过低的地方用砂浆填平，剪力墙上留出的搭接钢筋不正、不直时，要进行修整，以免影响预制叠合板、预制空调板就位。

（3）预制叠合板起吊时要先试吊，先吊起距地 50 cm 停止，检查钢丝绳、吊钩的受力情况，预制叠合板起吊时，应采用钢扁担吊装架进行吊装，4 个吊点均匀受力，保证构件平稳吊装。就位时预制叠合板要从上垂直向下安装，在作业层上空 20 cm 处略作停顿，施工人员手扶楼板调整方向，将板的边线与墙上的安放位置线对准，注意避免叠合板上的预留钢筋与墙体钢筋打架，放下时要停稳慢放，严禁快速猛放，以避免冲击力过大造成板面震折裂缝。5 级以上风时应停止吊装。

（4）预制叠合板安装时底部必须做临时支撑，支架应在跨中和距离支座 500 mm 处设置由柱和横撑等组成的梁式临时支撑，当轴跨 $L<4.8$ m 时跨中设置一道支撑；当轴跨 4.8 m$<L<$6.0 m 时跨中设置两道支撑，安装预制叠合板前调整支撑标高与两侧墙预留标高一致。施工过程中，应连续两层设置支撑，待上一层叠合楼板结构施工完成后，上层现浇混凝土强度达到 100%设计强度时，才可以拆除下一层支撑，上下层支撑时应在一条竖直线上，以免叠合楼板受到上层立柱冲切，临时支撑的悬挑部分不允许有集中堆载。

（5）调整预制叠合板位置时，要垫小木块，不要直接使用撬棍，以避免损坏板边角，要保证搁置长度，其允许偏差不大于 5 mm，预制叠合板安装完后进行标高校核，调节板下的可调支撑。

（四）装配式节点施工质量控制要点

1. 钢筋套筒灌浆连接

预制构件的灌浆是装配式施工技术中的重点，也是施工难点，预制构件的灌浆质量的高低直接影响着主体结构的受力，因此灌浆质量是评价一个工程项目质量的重要标准。灌浆工艺应编制专项施工方案，上岗人员必须经过培训持证上岗。

点评： 钢筋套筒灌浆连接接头应按检验批划分要求及时灌浆，灌浆作业应符合现行行业标准《钢筋套筒灌浆连接应用技术规程》（JGJ 355—2015）的有关规定。

灌浆作业是装配整体式结构工程施工质量控制的关键环节之一。对作业人员应进行培训考核，并持证上岗，同时要求有专职检验人员在灌浆操作全过程监督。套筒灌浆连接接头的质量保证措施：

①采用经验证的钢筋套筒和灌浆料配套产品；

②施工人员是经培训合格的专业人员，严格按技术操作要求执行；

③操作施工时，应做好灌浆作业的视频资料，质量检验人员进行全程施工质量检查，能提供可追溯的全过程灌浆质量检查记录；

④检验批验收时，如对套筒灌浆连接接头质量有疑问，可委托第三方独立检测机构进行非破损检测。

当施工环境温度低于 5℃时，可采取加热保温措施，使结构构件灌浆套筒内的温度达到产品使用说明书要求；有可靠经验时也可采用低温灌浆料。

方案中钢筋套筒灌浆连接没有具体内容。

预制外墙板、预制内墙板和预制女儿墙的灌浆工艺一般为施工准备→基础处理→在墙板底座四周采用水泥砂浆将缝隙进行封堵→湿润灌浆孔→灌浆料调配、搅拌→注浆→封堵→验收。

（1）灌浆前应准备灌浆时所用设备及工具，一般有灌浆枪、硬质毛刷、硬质小型压抹子、小鱼尾钳、插排、记号笔、量杯、台秤、搅灰桶、乳胶手套、注浆管、温度计、电源线、注浆孔橡胶塞。

（2）墙体下落前应保持预制墙体与混凝土接触面无灰渣、无油污、无杂物。采用高强砂浆垫块或预埋的钢垫片将预装墙体的标高找好，使预制墙体标高得到有效的控制。

（3）在墙体无钢筋区域采用高强度微膨胀的砂浆进行坐浆填实，坐浆时需保证该处饱满，若未饱满应采用同种砂浆对该处进行填实。应对过长的剪力墙进行分段，防止因注浆时间过长导致孔洞堵塞。

（4）注浆前应用水将注浆孔进行润湿，减少因混凝土吸水导致注浆强度达不到要求，且与灌浆孔连接不牢靠。

（5）灌浆料掺量应根据产品标准进行调配，灌浆料与钢筋套筒应为同一生产厂家，当灌浆料与钢筋套筒为不同厂家时，应做试件的型式检验。灌浆料搅拌一般为 5 min 以上至浆料黏稠、无颗粒，注浆料流动度在 200～300 mm，搅拌完成后应静置 2～3 min，带气泡排除后方可进行灌浆。灌浆料适用的温度为 5～40℃，在该温度区域内，灌浆料应在搅拌完 30 min 内使用完毕。灌浆料应避光存放。

（6）采用专用的注浆机进行注浆，该注浆机使用一定的压力，有墙体下部注浆孔进行注入，当上部排气孔有浆料溢出，视为该孔注浆完成，并用泡沫塞子进行封堵。至该墙体所有上部注浆孔均溢出浆料后视为该面墙体注浆完成。在注浆孔处使用中间的注浆孔进行注浆，使浆料往两边进行分散，每个注浆孔有浆料溢出时立即用木塞子进行封堵。在注浆过程中需进行影像留档，以保证正常竣工验收。当已完成注浆墙体 30 min 后进行检查上部注浆孔是否应为注浆料的收缩、堵塞不及时、漏浆造成的个别孔洞不密实情况。用手动注浆器进行对该孔的补注。低于 5℃时应立即停止注浆工作，以免影响强度。灌浆完成后 24 h 内禁止对墙体进行扰动。

（7）注浆完成后，通知监理进行检查，合格后进行注浆孔的封堵，封堵要求与原墙面平整，并清理墙面上、地面上的余浆。

点评： 标题钢筋套筒灌浆连接与下面展开的内容不符。没有指导意义。

2. 后浇边缘构件施工

预制外墙板、预制内墙板、预制女儿墙及预制 PCF 板后浇边缘构件钢筋绑扎时应先绑扎暗柱纵筋范围里的附加箍筋，绑扎顺序是由下而上，然后安放暗柱纵向钢筋并将其与箍筋平面内的外露箍筋、附加箍筋绑扎固定就位。

预制 PCF 板生产制作前应在深化设计阶段考虑 PCF 板的连接件布置方案，避免 PCF 板在安装阶段时后浇暗柱钢筋与连接件的位置发生冲突。

3. 后浇叠合构件钢筋

预制外墙板、预制内墙板的叠合梁部位预留出开口箍筋，在叠合梁部位，通过开口箍筋穿插连梁和框架梁的上部纵筋，然后将箍筋帽与主筋、开口箍筋进行绑扎，箍筋帽两端均采用 135°弯钩。

绑扎叠合楼板钢筋前应清理干净叠合板上杂物，根据钢筋间距弹线绑扎，钢筋绑扎时穿入叠合楼板上的桁架，钢筋上铁的弯钩朝向要严格控制，不得平躺。双向叠合板板侧采用整体式拼缝，绑扎时要注意接缝处预制板侧伸出的纵向受力钢筋应在后浇混凝土叠合层内锚固，纵向钢筋应交错布置，且锚固长度不应小于 $1a$；两侧钢筋在接缝处重叠的长度不应小于 $10d$，钢筋弯折角度不应大于 30°，弯折处沿接缝方向应配置不少于 2 根通长构造钢筋，且直径不应小于该方向预制板内钢筋直径。

隔墙下加强筋遇叠合板分缝处，钢筋采用双面搭接焊，焊缝长度为 $5d$ 并要满足规范要求。

4. 外墙板缝防水施工

施工所采用的密封胶应用于外墙板之间横向、竖向施工缝处，混凝土建筑接缝用密封胶外观是细腻、均匀膏状物或黏稠液体，不应有气泡、结皮或凝胶。

外墙板缝防水施工过程中基材用钢丝刷或其他的工具对基材进行处理，清除灰尘与脆弱部分。将合适的背衬棒插入所需位置。背衬材料应比接缝宽度大 20%～30%。如果使用闭孔聚乙烯棒，最好使用钝口工具加工闭孔聚乙烯棒，避免被尖利的工具如螺丝刀之类损坏。将底涂涂至黏结区域。如需要保持接缝形状与接缝线，可使用保护胶带，将密封胶填入接缝，避免空气进入，移除多余的材料，将密封胶压实，保证接缝两侧连接。然后用修整剂修整表面，保证密封胶具有良好的外观。

点评： 应按设计要求填塞背衬材料；密封材料嵌填应饱满、密实、均匀、顺直、表面平滑，其厚度应满足设计要求。工程为框架剪力墙装配式建筑，没有编制装配柱、梁的质量控制要求。

参考文献

[1] 住房和城乡建设部住宅产业化促进中心. 大力推广装配式建筑必读——制度·政策·国内外发展 [M]. 北京: 中国建筑工业出版社, 2016.

[2] 住房和城乡建设部科技与产业发展中心（住房和城乡建设部住宅产业化促进中心）. 中国装配式建筑发展报告（2017）[M]. 北京: 中国建筑工业出版社, 2017.

[3] 文林峰. 装配式混凝土结构技术体系与工程案例汇编 [M]. 北京: 中国建筑工业出版社, 2017.